食品中微生物风险评估

THE MICROBIOLOGICAL RISK ASSESSMENT OF FOOD

[英] STEPHEN J. FORSYTHE 著

石阶平 史贤明 岳田利 译

中国农业大学出版社

翻译者名单

石阶平　博士　国家食品药品监督管理局　教授　博士生导师

史贤明　博士　上海交通大学　教授　博士生导师

岳田利　博士　西北农林大学　教授　博士生导师

著作权合同登记图字：01-2005-4128 号

本书简体中文版本翻译自［英］STEPHEN J. FORSYTHE 编著的"THE MICROBIOLOGICAL RISK ASSESSMENT OF FOOD"。

This edition is published by arrangement with **Blackwell Publishing Ltd**, Oxford.

Translated by **China Agricultural University Press** from the original English language version. Responsibility of the accuracy of the translation rests solely with the **China Agricultural University Press** and is not the responsibility of **Blackwell Publishing Ltd**.

中文简体版本由 **Blackwell Publishing Ltd**, Oxford 授权出版，中国农业大学出版社组织人员为英文版本翻译出版。对于简体版本的精确性，中国农业大学出版社单独负责，**Blackwell Publishing Ltd** 不承担责任。

著作权合同登记图字：01-2005-1223 号

目　录

绪 言

为什么要写一本关于微生物风险评估的书？我承认自从我开始这个项目，我已经反复地质问自己很多遍，答案是，至少其中的一部分是，当我在 2000 年写安全食品的微生物学时，我强调我们日常消费的食物中有细菌（甚至是潜在的致病菌），但是是在可接受的水平。同时，通过实施 HACCP，可以设计关键控制点将危害消除或降低到可接受的水平。然而，一个显而易见的问题是：什么是可接受水平？这并不是一个容易回答的问题。例如，你是否是一个没有大的医疗史的健康的中年人？如果回答是肯定的，那么应该祝贺你，但是你正处在死亡的边缘，因为你的免疫系统已经适应了每日大量的微生物。而且，如果你是年轻或年老人群，你就变得更加敏感。因此，政府和食品生产企业需要考虑消费的不同对象。这就是需要微生物风险评估之处，同时也回答了我的问题，什么是可接受水平？

近几年来，从改进选择介质、ATP 生物发光检测到 DNA 探针等微生物检测方法取得了显著的成就。然而，尽管有显著的进步（很荣幸参与了其中的一些工作），但是，将它应用于终端产品的检测或 HACCP 方法的验证并不成功。这可以结合“消费风险，产品风险”的操作特性曲线和抽样计划来加以解释。在坚果生产中，生产批次的缺陷率可能达到 30%，如果你的抽样计划是 $n=5$，$c=2$，检测 5 个样本，你将接受食品批次的 85%的合格率。因此，对食品安全需要前置的方法，这些方法已经包含在 HACCP 方法和微生物风险评估之中。

虽然在准备这本书的过程中，已经出版了两本相关的书籍。一本是 Bob Mitchell 编辑的《实用微生物风险分析》，另一本是 Phil Voysey（CCFRA，2000）编辑的《食品工业应用中的微生物风险评估实施导则》。这使我决定在本书中需要强调的地方，并几弃其稿。正如 Schlundt（风险评估的忠告，WHO 在线培训课程，见互联网指南）所言，我坚信，微生物风险评估将成为食品安全工具的“第三波”，第一波是良好卫生操作，第二波是 HACCP。目前微生物风险评估正处于发展和实施的早期，正如 HACCP 在 20 世纪 80 年代的时期。因此，本书并不仅仅讨论风险评估，同时也涵盖像预测微生物学和抽样计划（可能与食品安全目标相对等）等论题。

未来是什么？当 4 年前的 1997 年，我是用 286 的 PC 机修改 Pat Hayes's 编辑的《食品卫生、微生物和 HACCP》，到了 1998—1999 年期间，我用 90 MHz Pentium 计算机编写《安全食品的微生物学》，而且放在互联网上（见 www.theagarplate.com）。这本书，写作于 2001 年的夏天，已经用上了 pdf 文件和 330 MHz Pentium 4 计算机了。3 年的时间，我们已经可以使用电子书籍，有时，我有一种幻觉，如果我们有 Star Trek 牌三用录音机，我们将听到一个声音“Spock 先生，这里的沙门氏菌就是那里的沙门氏菌”。技术进步了，但问题并没有得到解决。

按照惯例，没有家庭和朋友的支持，就不可能有本书的出版。在此，我要特别感谢 Samantha Morris，感谢他对本书稿件的认真阅读，同时要对 Claire 表示真诚的感谢，我要感谢我的小孩 James 和 Rachel，感谢他们对我无空暇时间的容忍，我要感谢我的妻子 Debbie，感谢她长时间的忍耐，对他们，我致以深深负疚的感谢！

Steve Forsythe

2001 年 10 月

1 国际贸易中的食源性致病微生物

1.1 食源性致病微生物

微生物性食物中毒可由多种微生物引起，这些微生物致病的潜伏期不同，病症持续的时间也各异(表 1.1)。诸如沙门氏菌(*Salmonella*)和大肠杆菌(*Escherichia coli*) O157:H7 之类的致病微生物已经为普通大众所熟知。与细菌相比，对能引起食物中毒的病毒和真菌毒素的研究还十分薄弱，预计今后我们会逐渐认识到它们在食物中毒事件中所起的作用。多种食品中都存在引起食物中毒的微生物(表 1.2)，它们具有各种不同的毒力因子，引发各种急、慢性或间歇性机体反应。有些致病细菌(如沙门氏菌)可以入侵人体引发菌血症和一般性感染；其他产毒病原菌可以引起肾脏等易感组织的严重损伤(如大肠杆菌 O157:H7)；当宿主机体的组织对入侵的病原菌产生免疫应答时，就会引起免疫介导反应和并发症(如反应性关节炎和格林巴利(Guillain-Barre)综合征)。例如，肠炎并发症一般需要及时治疗，并且常常需要住院观察。由于存在后遗症，不是所有疾病(诸如肠炎)的患者都能完全康复，其中一些人可能终其一生都将饱受后遗症之苦，实际上这些疾病还有导致死亡的潜在危险。因此，尽管出现这些并发症的几率很低，但维护公众健康的任务十分艰巨(见 1.2)。当然，老年人和免疫缺陷人群在受到急性感染时致死率风险更高。

表 1.1 引发食物中毒的常见微生物

微生物	潜伏期	发病期
嗜水气单胞菌属	未知	1～7 d
空肠弯曲杆菌	3～5 d	2～10 d
大肠杆菌		
肠毒素型(ETEC 型)	16～72 h	3～5 d
肠致病型(EPEC 型)	16～48 h	2～7 d
肠侵染型(EIEC 型)	16～48 h	2～7 d
肠出血型(EHEC 型)	72～120 h	2～12 d
甲肝病毒	3～60 d	2～4 周
单核细胞增生李斯特菌	3～70 d	不定
诺沃克病毒	24～48 h	1～2 d
轮状病毒	24～72 h	4～6 d
沙门氏菌	16～72 h	2～7 d
志贺氏菌	16～72 h	2～7 d
小肠结肠炎耶尔森氏菌	3～7 d	1～3 周

表 1.2 食源性致病微生物的来源

食 物	病原菌	污染率(%)
肉、禽、蛋	空肠弯曲杆菌	生鸡肉和火鸡肉(45～64)
	沙门氏菌	生禽肉(10～100)、猪肉(3～20)、蛋类(0.1)和贝类(16)
	金黄色葡萄球菌[a]	生鸡肉(73)、猪肉(13～33)和牛肉(16)
	产气荚膜梭菌[b]	生猪肉和鸡肉(39～45)
	肉毒梭状杆菌	
	大肠杆菌 O157:H7	生牛肉、猪肉和禽肉
	蜡状芽孢杆菌[b]	生绞碎牛肉(43～63)、烹饪的肉类(22)
	单核细胞增生李斯特菌	红肌(75)、碎肉糜(95)
	小肠结肠炎耶尔森氏菌	生猪肉(48～49)
	甲肝病毒	
	旋毛形线虫	
	绦虫	
水果和蔬菜	空肠弯曲杆菌	蘑菇(2)
	沙门氏菌	洋蓟(12)、卷心菜(17)、菠菜(5)
	金黄色葡萄球菌[a]	莴苣(14)、荷兰芹(8)、萝卜(37)
	单核细胞增生李斯特菌	西红柿(27)、萝卜(37)、豆芽(85)、卷心菜(2)和黄瓜(80)
	志贺菌属	
	大肠杆菌 O157:H7	芹菜(18)、芫荽(20)
	小肠结肠炎耶尔森氏菌	蔬菜(46)
	嗜水气单胞菌	椰菜(31)
	甲肝病毒	
	诺沃克病毒	
	蓝氏贾第鞭毛虫	
	隐孢子虫	
	肉毒梭状杆菌	
	蜡状芽孢杆菌[b]	
	真菌毒素	
乳制品	沙门氏菌	
	小肠结肠炎耶尔森氏菌	牛奶(48～49)
	单核细胞增生李斯特菌	软奶酪块(4～5)
	大肠杆菌	
	空肠弯曲杆菌	
	志贺氏菌属	
	甲肝病毒	
	诺沃克病毒	
	金黄色葡萄球菌[a]	
	产气荚膜梭菌[b]	
	蜡状芽孢杆菌[b]	巴氏消毒奶(2～35)、奶油(5～11)、冰淇淋(20～35)
	真菌毒素	

续表 1.2

食 物	病原菌	污染发生率(%)
贝类和鱼类	沙门氏菌	
	弧菌	生海鲜(33～46)
	志贺氏菌	
	小肠结肠炎耶尔森氏菌	
	蜡状芽孢杆菌	鱼制品(4～9)
	大肠杆菌	
	肉毒梭状杆菌[b]	
	甲肝病毒	
	诺沃克病毒	
	蓝氏贾第鞭毛虫	
	隐孢子虫	
	代谢副产物	
	海藻毒素	
谷物、粮食、豆类和坚果	沙门氏菌	
	单核细胞增生李斯特菌	
	志贺氏菌属	
	大肠杆菌	
	金黄色葡萄球菌[a]	
	肉毒梭状杆菌[b]	
	蜡状芽孢杆菌[b]	生大麦(62～100)、米饭(10～93)、炒米(12～86)
	真菌毒素[a]	
香料	沙门氏菌	
	金黄色葡萄球菌[a]	
	产气荚膜梭菌[b]	
	肉毒梭状杆菌[b]	
	蜡状芽孢杆菌[b]	香草和香料(10～75)
水	蓝氏贾第鞭毛虫	水(30)

[a]在巴氏杀菌中不会被失活的毒素；

[b]可形成不被巴氏杀菌杀灭的芽孢；

来源：包括 Synder(Hospitality Institute of Technology and Management，互联网指南中的网址)在内和 ICMSF(1998a)等各种来源。

由于消费者往往意识不到食物中潜在的危害，容易误食大量被污染的食品，从而导致疾病的发生。消费者一般不会对近期食物内的一些可疑成分加以注意，因此很难追踪引起食物中毒的元凶是哪些食物。消费者往往只能回忆起那些有异味、变色的食物，但这些变化只是食品变质的特征，并非食物中毒的真正原因。

引起食物中毒的微生物通常可以分为两大类：

- 感染型：沙门氏菌的各种血清型、空肠弯曲杆菌、致病性大肠杆菌；
- 毒素型：蜡状芽孢杆菌、金黄色葡萄球菌、肉毒梭菌。

这种划分方法可以有效区别食物中毒的途径。第一类是可以在人类肠道中增殖的微生物，第二类是可以在食物或者人肠道中产生毒素的微生物。在热处理中可以杀死细胞，但芽孢可能存活下来（蜡状芽孢杆菌和产气荚膜梭菌可产芽孢），如果食品不是储藏在足够热或冷的条件下，芽孢还会重新萌发。

另一种分类方法是依据致病力的强弱。这种划分方法对制定微生物准则（采样方法）和开展风险分析（Notermans *et al.*，1995）都很有帮助。国际食品微生物标准委员会（ICMSF 1986）采用该分类方法将常见的食源性致病菌加以分类以确定抽样方法（见 2.8 第一部分）。ICMSF 的分类在表 1.3 中列出。

表 1.3 基于 ICMSF 的微生物危害分类目录

危害作用	病原菌
常见食源性致病微生物分类（ICMSF，1986）	
（1）病症温和、直接、少扩散、很少引起死亡	蜡状芽孢杆菌、空肠弯曲杆菌、产气荚膜梭菌、金黄色葡萄球菌、小肠结肠炎耶尔森氏菌、牛肉绦虫、刚地弓形虫
（2）病症温和、直接、强扩散、可引起死亡或者严重后遗症、后果相当严重	致病性大肠杆菌、肠炎沙门氏菌、沙门氏菌（除了伤寒沙门菌、副伤寒沙门菌）、志贺氏菌种、单核细胞增生李斯特菌（除了痢疾志贺氏菌）
（3）严重、直接	肉毒梭状杆菌（A 型、B 型、E 型、F 型）和甲肝病毒、痢疾志贺氏菌、伤寒沙门菌、副伤寒沙门菌（A 型、B 型、C 型）和旋毛形线虫
新拟定的分类（ICMSF 即将发布）	
（1）病症温和、没有生命危险、没有后遗症、病程短、能自我恢复	蜡状芽孢杆菌（包括呕吐毒素）、A 型产气荚膜梭菌、诺沃克病毒、大肠杆菌（EPEC 型，ETEC 型），金黄色葡萄球菌、非 O1 型和非 O139 型霍乱弧菌、副溶血性弧菌
（2）危害严重、致残但不危及生命、少有后遗症、病程中等	空肠弯曲杆菌、大肠杆菌、肠炎沙门氏菌、鼠伤寒沙门氏菌、志贺氏菌、甲肝病毒、单核细胞增生李斯特菌、微小隐孢子虫、致病性小肠结肠炎耶尔森氏菌、卡晏环孢子球虫
（3）对大众有严重危害、有生命危险、慢性后遗症、病程长	布鲁氏菌病、肉毒素、EHEC（HUS）、伤寒沙门菌、副伤寒沙门菌、结核病菌、痢疾志贺氏菌、黄曲霉毒素、O1 型和 O139 型霍乱弧菌
（4）对特殊人群有严重危害、有生命危险、慢性后遗症、病程长	O19（GBS）型空肠弯曲杆菌、C 型产气荚膜梭菌、甲肝病毒、微小隐孢子虫、创伤弧菌、单核细胞增生李斯特菌、大肠杆菌 EPEC 型（婴儿致死）、婴儿肉毒素、坂崎肠杆菌

关于某些食源性致病微生物的详细描述及其相关的风险评估将在第 4 章给出。有关其他微生物的详细信息可参阅《*Microbiology of Safe Food*》（Forsythe，2000）和 ICMSF 的出版物（ICMSF，1986，1988，1996a，1997，1998a，c）

尽管人们对食源性和水源性微生物的认识越来越深入，但这些微生物引发的疾病依然是一个严重的问题,极大地降低了经济生产力。尽管任何人都有可能感染食源性疾病,但是更易患食源性疾病的特定人群与日俱增,并导致严重后果。这些易感人群包括婴幼儿、孕妇、免疫缺陷者和老人。有证据表明,肠胃炎的发病率与年龄相关,而4岁以下的儿童最容易患微生物引起的肠胃炎(图1.1)。同样的,性别也是其中的重要因素,这可能是由个人卫生导致的,例如在上完厕所后洗手的男性较少(图1.2)。

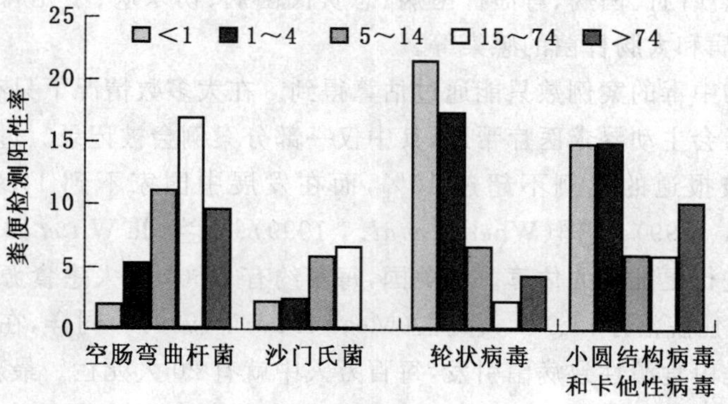

图1.1 引发肠胃炎疾病的病原菌与患者年龄的关系图(Forsythe,2000)

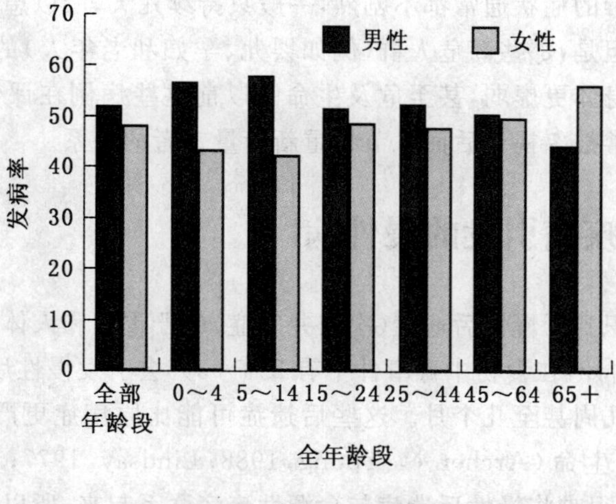

图1.2 肠胃炎病例中患者性别分布图(Forsythe,2000)

食源性疾病是引起5岁以下儿童每年高达约15亿人次腹泻的主要原因。在发展中国家,儿童每年有2～3次腹泻,其中一些地区可达10次。有高达70%的儿童中毒事件是由被污染食品引起的。其中有25%～30%的中毒腹泻事件是病源性大肠杆菌污染婴儿食品。腹泻症的一个严重后果是影响婴幼儿的营养状况和免疫系统功能。多次中毒会导致食物摄入的减少和营养素吸收不良、呕吐、发烧、抵抗力下降(通常是呼吸系统)造成的营养素摄入不足,因此儿童陷入了营养不良和感染的恶性循环中,很多儿童因此死亡,其中 5 岁以下儿童每年有 1 300 万死亡。预计到 2025 年,世界将有 10 亿人口超过 60 岁,其中至少有 2/3 的人生活在发展中国家。人口老龄化意味着患食源性疾病的风险增加,因此某些国家如果有 1/4 的人有面临食源性疾病的危险也不必吃惊。在发展中国家食源性疾病广泛流行,包括霍乱、沙门氏菌病、弯曲杆菌病、志贺氏菌病、伤寒病、小儿麻痹症、布鲁氏菌病、变形虫病和大肠杆菌的感染等。

每年食物中毒的案例数只能通过估算得到。在大多数情况下只有很小一部分食物中毒患者会主动寻求医疗帮助,其中仅一部分案例会被记录。过去,有人估计在发达国家被报道的案例不超过 10%,而在发展中国家不到 1%。目前,美国(Mead *et al.*, 1999)、英国(Wheller *et al.*, 1999)、荷兰(de Wit *et al.*, 2001)正在通过监测点进行更准确的估算。在美国,每年约有 7 600 万人患食源性疾病,其中有 325 000 人住院治疗,5 000 人死亡(Mead *et al.*, 1999)。同样,在英国,每年有 20%肠胃炎是由食源性致病菌引发,每百万人中就有 20 人死亡。最新的统计结果表明,在荷兰,每年每 1 万人中有 79.7 人患微生物引起的食源性疾病(de Wit *et al.*,2001)。Notermans 和 van der Giessen(1993)估计,每年有 30%的荷兰人会患食源性疾病。

因为食物中毒的症状通常都不剧烈,一般只持续几天,所以患者经常可以不经医疗自行恢复。但是,那些高危人群(例如婴儿、孕妇和老年人)的症状却很严重,食物中毒使他们身体更虚弱,甚至危及生命。以前这些病例在评估人体对食物中毒的承受力时经常被忽视。后面一节将重新衡量二者的关系。

1.2 食源性疾病引发的慢性病

最近人们意识到了慢性后遗症(次级并发症)的严重性和人体应激反应的多变性(表 1.4)。据估计,在食物中毒事件中有 2%～3%会引发慢性后遗症,其中一些症状可能会持续几周甚至几个月。这些后遗症可能比原病症更严重,并导致长期的伤残甚至危及生命(Archer & Young, 1988; Lindsay, 1977; Bunning *et al.*, 1997)。由于人们很难将慢性后遗症与食源性疾病联系起来,所以不是总能得到证据证明微生物会引起慢性后遗症。

食物中毒的最主要症状是腹泻,其结果导致厌食和吸收不良。由空肠弯曲杆菌、枸橼酸杆菌、肠杆菌或克雷伯氏菌等对肠道的感染引起的严重腹泻会持续数月或几年,由此导致的后果是肠道内壁通透性发生改变,吸收大量人体不需要的外源蛋白而诱导肠道萎缩。

表1.4 食源性感染引发的慢性后遗症(Mossel,1988)

疾病	相关的症状
布鲁氏菌病	睾丸炎、脑膜炎、心包炎、脊椎炎
弯曲杆菌病	关节炎、心脏炎、胆囊炎、大肠炎、心内膜炎、红斑性结节、格林-巴利综合征、溶血性尿毒症候群、脑膜炎、胰腺炎、败血病
大肠杆菌(EPEC和EHEC型)感染	红斑、心内膜炎、溶血性尿毒症候群、血清阴性关节炎
李斯特菌病	脑膜炎、心内膜炎、骨髓炎、流产和死产
沙门氏菌病	主动脉炎、胆囊炎、大肠炎、心内膜炎、睾丸炎、脑膜炎、心肌炎、骨髓炎、胰腺炎、赖透氏症候群、类风湿性综合征、败血病、化脓性放线菌感染症、甲状腺炎
志贺氏菌病	红斑性结节、溶血性尿毒症候群、周围神经病、肺炎、赖透氏症候群、败血病、化脓性放线菌感染症、关节膜炎
绦虫病	关节炎
弓形虫病	胎儿畸形、先天性失明
耶尔森氏菌病	关节炎、胆道炎、红斑性结节、肝脾放线菌感染症、淋巴腺炎、肺炎、脓性肾炎、赖特综合征(Refer's syndrome)、败血病、脊椎炎、斯蒂尔氏病

食源性病原菌会与宿主的免疫系统相互作用,以逃脱或改变人体免疫反应过程,导致宿主慢性疾病。这些相互作用包括以下几种:

- 抗原异质(相变):一些微生物能改变自身抗原特征;
- 螯合:在细胞内或者特殊的宿主位点上发生结合作用;
- 分子拟态:通过模拟(交叉反应)或吸附宿主蛋白发生分子拟态;
- 直接免疫刺激和/或抑制。

此外,宿主的遗传敏感性使人类天生易于受到某一类感染。下面几点很重要:

(1)反应性关节炎和赖特综合征(Reiter's syndrome)(沙门氏菌血清型,见4.2);

(2)Guillain-Barré 综合征(空肠弯曲杆菌,见4.3);

(3)溶血性尿毒症(Haemolytic uraemic syndrome)(*E. coli* O157,见4.5)。

研究较少的慢性后遗症有以下几种:

(1)由幽门螺杆菌(*Helicobacter pylori*)引起的慢性胃炎;

(2)可能由副结核杆菌(*Mycobacterium paratuberculosis*)引起的克罗恩氏(Crohn's)病和溃疡性结肠炎;

(3)空肠弯曲杆菌(*C. jejuni*)、柠檬酸杆菌(*Citrobacter*)、肠杆菌(*Enterobacter*)、克雷伯氏菌(*Klebsiella*)的感染引发长期肠胃炎和营养失衡;

(4)由弧菌和耶尔森氏菌属(*Yersinia*)引起的溶血性贫血(Haemolytic anaemia);

(5)由大肠杆菌引起的心血管疾病;

(6)由鼠伤寒沙门氏菌(*Salmonella typhimurium*)引起的动脉硬化;

(7)由弓形体病(toxoplasmosis)引发的个性变化;

(8)在感染小肠结肠炎耶尔森氏菌(*Yersinia enterocolitica*)O:3 菌株后,因促甲状腺素受体的自身抗体引发的 Graves 病(自免疫疾病);

(9)蓝氏贾第鞭毛虫(*Giardia lamblia*)可以引发严重的甲状腺机能减退;

(10)巴氏杀菌奶中的副结核杆菌(引发反刍动物 Johne 氏病)可引起克罗恩氏病,还可以由单核细胞增生李斯特菌、大肠杆菌、链球菌引起;

(11)病毒诱导的自身免疫混乱,像甲型肝炎病毒可能通过分子模拟造成成年人体内引发严重的肝炎;

(12)真菌毒素的危害范围很广泛,可以分为急性、亚急性、慢性毒素,某些毒素分子具有致癌、致畸、致突变的作用。

1.3 食源性病原体和毒素的出现和再现

出于各种原因,最近几年食源性病原菌被鉴定数量快速增加(Tauxe,1997)。美国国家研究委员会将新发现(和再发现)的感染定义为“发病率在过去几十年里明显增多或在不久的将来威胁增大的、新的、再次出现的或耐药性的感染”(NRC,1993)。当前的监测方法仅能从肠胃炎病人中检测出 40%~60%的病原菌(de Wit *et al.*, 2001),因此,新病原菌不断地被发现或“出现”。虽然人们已经能完整地描述一些新的食源性疾病,但这些疾病在近期(过去的 10~15 年)才被普遍报道,因此依然被称为“新发现的疾病”。表 1.5 中列出了一些新的食源性和水源性病原菌及毒素。

表 1.5 食品中新的病原体和毒素

细菌	大肠杆菌 O157:H7、肠聚集性大肠杆菌(EAEC 型)、霍乱弧菌、创伤弧菌、副溶血链球菌、分支杆菌属、单核细胞增生李斯特菌、鼠伤寒沙门氏菌 DT104、肠炎沙门氏菌、空肠弯曲杆菌、弓形杆菌、坂崎肠杆菌
病毒	戊肝炎病毒、诺沃克病毒、类诺沃克病毒
原生动物	卡晏环孢子球虫、刚地弓形虫、微小隐孢子虫
寄生虫	简单异尖线虫、伪新地蛔线虫
朊病毒	牛海绵状脑病(BSE)病毒、克-雅病变种(variant CJD)病毒
真菌毒素	伏马菌素、玉米赤霉烯酮、单端孢霉烯毒素、赭曲霉素

某种食源性病原体和毒素的出现(再现)取决于很多因素(Lindsay,1997):

(1)由于经济问题、卫生政策的变动、国内争端或战争,使得控制流行性疾病的公共卫生体系弱化甚至崩溃;

(2)贫穷、过度城市化以及人口的迁移;

(3)环境恶化、水资源和食物资源的污染;

(4)低效的疾病控制体系;

(5)新微生物种群的出现,例如,抗生素的不规范使用(包括在动物饲料中不规范的使用抗生素)导致耐药菌的出现;

(6)开发新的生态资源,高强度的生产动物性食物(包括鱼类)及食品生产的工业化和销售全球化,动物疾病越来越频繁地传染人类;

(7)旅游和贸易全球化(包括蔬菜、肉类成品及初级原料的运输),增加了疾病传播的潜在速度;

(8)新交通工具的广泛应用;

(9)采用新方法和手段检测出来以前广泛流行的病因。

影响新出现的食源性病原菌流行的因素列于表 1.6 中。

表 1.6 影响新出现的食源性病原菌流行的因素

微生物通过自然选择适应环境:抗生素使用可以选择耐抗生素菌种(例如,鼠伤寒沙门氏菌 DT104)
新食品和食品加工工艺(例如,BSE 和 vCJD)
宿主敏感性的改变(例如,人口老龄化)
生活方式的改变(例如,方便食品消费的增加和相应的单核细胞增生李斯特菌的威胁增加)
不断增长的国际贸易和旅游使病原菌能快速散播(例如,大肠杆菌 O157:H7)
新食品传播媒介的出现(例如,副结核杆菌(待定))

微生物可以进化出许多适应机制,从而使其在某些不良条件下生存繁殖(Lederberg,1997)。它们可以通过遗传物质交换(例如,结合、转导、转化)获取新的基因序列。基因的水平转移被认为是毒素基因转移到其他新细菌菌株的途径之一(例如原始的大肠杆菌 O157:H7)。被称为毒力岛(pathogenicity island)的基因序列编码特殊的毒力因子,它的 GC 含量同其他基因序列存在很大差异。另外,虽然所知甚少,但是病毒可以与宿主基因组相互作用,在被感染者中出现新的易感人群和携带者,并产生不可预知的后果。虽然食源性致病菌通常并不引起第一宿主(动物宿主)的疾病,但可以通过动物宿主传染人类。因为随着国际间旅游和贸易的大幅增加,食源性病原菌可以在全世界快速传播。

目前,人们对具有抗生素抗性食源性致病菌的出现给予了高度关注(例如,鼠伤寒沙门氏菌 DT104 和空肠弯曲杆菌)。其中大众关注的问题之一就是氟喹诺酮类抗生素在兽药和医药中的使用。有关空肠弯曲杆菌的氟喹诺酮类抗生素耐药性的风险性评估将在 4.3 中详细讲述。

1.4 宿主易感性和暴露情况的变化

近几十年,随着当地生产的食品在本地加工、分销和消费的比例已经显著下降,地区、国家以至全球的食品供应链也要求食品科学技术(包括储藏技术)作出相应的改变。与此同时,如户外肉类消费量的增加和人口老龄化等社会变化也同样存在，大众暴露于食源性病原菌的可能也随着加工工艺（比如暴露于疯牛病（BSE））、消费方式以及食物供应链的全球化而改变。许多风险因子（risk factors）可以改变宿主对细菌感染的易感性（见 3.3.4），它们可能是：

- 与病原菌相关：摄入剂量、毒力大小；
- 与宿主相关：年龄、免疫状况、个人卫生、遗传的易感性；
- 与饮食相关：营养不良、摄入油腻或高脂的食物。

1.4.1 加工方法和食品工业的全球化

食品供应的全球化被认为是引发食品安全问题的主要原因。病原微生物不会仅存在于某一个国家内。另外，旅游业的兴起和与日俱增的对别国文化的兴趣可能会促成新的饮食习惯（比如，在西方国家已经开始消费寿司（起源于日本））。国际贸易持续快速发展得益于食品生产、加工工艺以及运输条件不断改善。区域贸易协定和乌拉圭回合协定（Uruguay Round Agreements）的全面影响（见 1.7.1）降低了许多对自由贸易限制的关税和补贴，并鼓励各国增加产量，从具有最低生产成本的国家进口商品，然而，大多数出口国并不具备高水平的食品加工卫生标准的基础设施。

农业和食品工业的不断集约化和一体化以及食品贸易的全球化正在改变食品生产和销售的方式，同样也会改变供应和需求方式。初级农产品显著集中于少数特别大型的生产单位内。这一系列变化可以带来更多收益，但也对保障食品生产安全提出了挑战，使健康问题得到了更广泛的关注。在经济快速发展的同时，生产出口食品的压力非常显著，可能会导致农业操作不当。其后果可能包括以下几个方面：

- 某一产品意外地或者零星地受低浓度微生物污染，而暴发大规模食源性疾病；
- 不当的储藏和加工条件经常会存在高浓度真菌毒素；
- 食品中过量的农药残留；
- 金属和化学物质对食品的工业污染（例如多氯联苯（PCBs，polychlorinated biphenyl）和二噁英（dioxins））。

农场操作规范的改变（例如，引入新的植物品种和新的农作物轮作制度）可能会引入危害或增加现有的危害（例如，真菌毒素对农作物的污染）。由于广泛销售的食品可能来源于同一产地，因此，许多食品消费者可能受到该食品产地污染的潜在影响。比利时的二噁英事件和英国的疯牛病事件证明发生在一个国家的风险会波及全世界。

消费者需要加工程度低、添加剂含量少的食品，这使得食品加工者对食品储藏方法几乎没有选择余地（Zink，1997）。同时，消费者需要一个货架期长的商品，也导致嗜冷病原菌问题（如李斯特菌、耶尔森氏菌和嗜水气单胞菌）。因此，食品加工者正在研发新的加工和储藏技术(包括高压处理、电加热以及脉冲电场等方法)。

1.4.2 消费习惯的改变

近几年来人们在户外进食渐渐成为一种趋势。许多需要进一步加工后才能食用的户外食物和/或是一些未经烹调的低温食品,会导致接触食品的人数增加,因此增加了食源性疾病从加工者到消费者的潜在传染的可能性。由于个人每天在烹制食物上花费时间的减少,他们对食品安全烹制知识的了解变得匮乏。一些研究指出,家庭对食品安全烹制和储藏技术知识正日渐缺乏(例如,个人卫生、清洁器具的使用、食品保存的正确温度等)。

1.4.3 免疫状态

新生儿、幼儿、孕妇、住院病人或潜在病人的免疫系统可能会有部分缺陷或发育不完善(比如艾滋病患者和老年人)。婴幼儿比成年人更容易被表 1.1 中列出的病原菌感染。社会经济因素也会影响弱势群体,例如,发达国家 55 岁以上的成年人因患伤寒症而发生死亡的比率很高。相反,发展中国家从出生到 1 岁的婴儿和 31 岁以上的成年人患并发症或者死亡的危险系数更高(Gerba *et al.*, 1996)。

怀孕期妇女的免疫系统会被抑制,以减少对胎儿的伤害,结果孕妇遭受单核增生李斯特菌引起的食物中毒的危险性远大于普通人;胎儿或新生儿如受到母亲感染后果十分严重,可能引起流产、死胎,或婴儿天生带有严重缺陷,后者也可能因李斯特菌病的早期并发症死亡(死亡率 15%~50%)或者后期发作死亡(死亡率 10%~20%)(Farber & Peterkin,1991;Farber *et al.*, 1996);不足月的婴儿极易被肠道病毒感染,例如柯萨奇 B 组病毒(coxsackie B)和埃可病毒(echovirus)(Gerba *et al.*,1996)。

免疫缺陷宿主(非孕妇)的感染是一个十分严重的新食品安全问题。医疗的进步导致免疫系统被抑制的病人人数增加(例如癌症患者、器官移植患者)。严重慢性病患者受食源性感染的危险性也在增加,并引发更严重的疾病。显然,肠道病原菌可以轻易地引起免疫缺陷宿主持续的大面积感染。大多数艾滋病患者(50%~90%)会饱受慢性腹泻的困扰,甚至危及生命(Morris & Potter,1997)。

老年人口的比重正在增加。到 2030 年,美国高于 65 岁的人将占美国总人口的 1/5。由于某些生理因素影响,老年人对病菌的易感性增强,例如,与肠关联的淋巴组织(gut-associated lymphoid tissue)的衰老和/或胃酸分泌的减少会导致病原菌容易突破这些天然屏障,而容易进入胃肠。另外,慢性疾病导致老年人免疫系统变得很脆弱,沙门氏菌病、空肠弯曲杆菌肠炎和大肠杆菌 O157:H7 感染多见于老年人。流行病学研究表明,老年人比普通人的患病死亡率更高,比如老年人和壮年人被下列病菌感染的死亡率分别为,沙门氏菌 3.8%和 0.1%;大肠杆菌 O157:H7 是 11.8%和 0.2%;轮状病毒是 1%和 0.01%(Gerba *et al.*, 1996)。

1.4.4 营养不良

在全球范围内,导致宿主对食源性疾病感染性增强的主要因素很可能是营养不良。在发展中国家,大约有8亿人受到营养不良的影响。亚洲营养不良人口绝对数最大(5.24亿),非洲营养不良人口百分比最高(28%),在个别国家这个比例可能高达30%。宿主的营养不良对食源性病菌的易感性增强是由许多机制造成的。营养不良会减弱上皮组织的完整性,对细胞介导的免疫(cell-mediated immunity)产生影响,使免疫球蛋白功能缺陷和噬菌作用缺陷。营养不良会使腹泻导致的死亡危险性增加30倍(Morris & Potter,1997)。

1.4.5 知觉和价值观的改变

在不同国家的不同时期,人们对食品相关问题的关注点不同(Sparks & Shepherd,1994)。1990年以前,食品添加剂是大众关注的焦点。在20世纪90年代,大众更加关心沙门氏菌这样的食源性病原菌,到了90年代末,关注的焦点又变成了疯牛病和克-雅病变种(variant CJD)以及食品生物技术(尤其在欧洲)。因此,现在人们广泛意识到食物中毒的重要性,对采用新的生产方法十分严格和谨慎。对食品工业的负面关注,导致大众对食品企业信任度下降。这种谨慎是由一系列食物中毒或者食品恐慌事件引起的,这些大事件曾对食品工业造成过巨大损失,见表1.7。

表1.7 世界主要的食物中毒恐慌事件

1964年,英国阿伯丁,沙门氏菌污染牛肉
1986年,英国伯明翰,沙门氏菌污染罐装鲑鱼
1999年,柏林,毒素污染猪肉
1998年,印度,有毒芥菜籽油
1986年,切尔诺贝利事件,辐射污染了西欧大片土地和食品
1981年,西班牙,有毒烹饪油
日本大肠杆菌O157:H7事件
法国单核增生李斯特菌事件
华盛顿大肠杆菌O157:H7事件
英国疯牛病事件
转基因农产品:尽管在某些国家从科学上证明了转基因食品的安全,但欧洲国家仍然不愿意消费含有转基因成分的食品

食品工业不仅要生产安全可食用的食品,还要生产符合消费者预期质量的食品。然而,对"安全食品"是仁者见仁,智者见智,并不是说"安全食品"就是"零风险食品",因此风险管理和风险信息交流对食品工业十分重要(在3.2中定义)。并不存在所谓零风险方法,例如,食源性病原菌的控制需要防腐剂(具有已知的毒理学

危险)和热处理(可产生致癌物质)这两种方法,但它们同样存在安全隐患。"阈值"的概念是指存在一个极限含量值,当低于此限值的时候危险性就不存在或者可被忽略。在医学(包括食品)微生物学里,"最小感染剂量"(minimal infectious dose)就是阈值,而在微生物风险性评估中,它又被重新定义为用来估计单个细胞的感染概率(P_i)(见 3.3.5;Vose,1998)。

1.5 食物中毒的危险性

如上所述,虽然工业和政府监管部门力争建立可保证所有食品安全和卫生的生产加工系统,但是完全的零风险是不可实现的目标。安全和卫生被限制在一个与日常生活中其他风险相比较而言社会可接受的相对风险水平范围内。即使在公开度高的国家,披露食物中毒事件也不是一件简单的事情。从表 1.8 中总结的未来 12 个月内的死亡风险分析可以看出,食物中毒的风险和在人行道上被车撞的风险是相同的,但是发生在个人身上的悲剧只能上当地的报纸,而食物中毒的暴发会牵扯很多人,也就更具有媒体轰动效应。

表 1.8 未来 12 个月的死亡风险性分析

诱因	死亡率出现一例所需要的基数
每天抽 10 支香烟	200
中年人自然死亡	850
因流感死亡	5 000
交通事故死亡	8 000
飞行	20 000
人行道交通事故	24 000
食物中毒	25 000
家庭意外死亡	26 000
谋杀	100 000
铁路交通事故	500 000
触电	200 000
雷击	10 000 000
吃带骨的牛肉	1 000 000 000

食物中毒案例的增加经常被媒体加以报道。但是必须谨慎对待这种发展态势,因为这些案例经过调查和微生物致病菌确认,大部分是肠胃炎案例。不是所有案例都是由食物带菌引起的,公众意识的增强可能使更多人积极寻求医疗帮助;另外,改进的检测方法也会在一段时间内"增加"案例数量。事实上,整个欧洲和美国报道的肠胃炎数量已经在减少(Anon., 1999a)。可能由于饮食习惯的改变,食物中毒具有明显的季发性,如沙门氏菌和空肠弯曲杆菌。正如 1.1 节中所述,监测点

的研究表明，虽然温和食源性疾病不会被注意也不会被报道，但真正的肠胃炎发病率可能达到20%左右。

1.6 食源性疾病引起的损失

除了人类饱受疾病折磨，食源性疾病还会带来巨大的经济损失。Buzby 和 Roberts(1997a)估计美国因食源性疾病在医疗上的花费和生产上的损失可达到66 亿～371 亿美元。每年仅六大食源性病原菌引起的医疗花费就达到 93 亿～129 亿美元，其中有 29 亿～67 亿美元是由沙门氏菌、空肠弯曲杆菌、大肠杆菌 O157：H7、单核增生李斯特菌、金黄色葡萄球菌以及产气荚膜梭杆菌引起的。Frenzen (1999)等人估计食源性沙门氏菌在美国每年造成的医疗花费和经济损失可能高达23 亿美元。Robter(1996)预测 5 种食源性病原菌的感染，造成英国和威尔士医疗费用和生命损失每年达到 3 亿～7 亿英镑。在澳大利亚，每天发生 11 500 次食物中毒案例，每年损失 26 亿澳元(ANZFA，1999)。较早前的估计，加拿大有关食源性病原菌引起的损失达 13 亿美元(Todd，1989)。

据美国传染病控制中心(Communicable Disease Center)估计，95%的沙门氏菌感染是由食物摄入造成。食品监测网(FoodNet)估计每年 140 万的沙门氏菌病案件中有 130 万是由沙门氏菌污染的食物引起的(Frenzen *et al.*，1999)。估计沙门氏菌感染的医疗花费是基于每个案例的平均医疗费，案例数以及 1998 年美国每例医疗费用的平均值。按年龄分，新生儿 830 万～850 万美元，85 岁以上的老人男性为 140 万美元，女性为 160 万美元。因为 2/3 死于沙门氏菌感染的人超过 65 岁，那么每个夭折婴儿预计平均收入，男性 410 万美元，女性 350 万美元，医疗费用和经济损失合计达到 5 亿美元，工作时间上的损失为 9 亿～128 亿美元。空肠弯曲杆菌每年在美国造成的损失为 8 亿～56 亿美元(Buzby & Roberts，1997b)，估计空肠弯曲杆菌引起的 Guillaine-Barre 综合征(GBS，一种自免疫反应)造成的损失是2 亿～18 亿美元(见 4.3)，因此抑制空肠弯曲杆菌对食物的污染每年可以节省 56 亿美元。瑞士的“无沙门氏菌禽肉项目”每年需花费 800 万美元，但每年可节约医疗开销达 2 800 万美元(Altekruse *et al.*，1993)。

如果食源性疾病案例不断增加，慢性后遗症如 GBS 的发病率也会升高。2%～3%的食源性疾病会引发慢性后遗症，长此以来，慢性病对经济的影响会比急性病更为严重。即便在发达国家，也需要注意采取系统、有效的手段来显著减少食源性微生物疾病带来的危害。既然在发达国家肠胃炎引起的损失高达数十亿美元，那么在发展中国家食源性或水源性疾病带来的损失又有多少呢？世界卫生组织(WHO)估计全世界每年约有 200 万儿童死于腹泻，其中有很大一部分是由微生物污染食品或水造成的，这对未来提出了挑战，需要全世界共同应对这一难题。因此，本书经常提到国际组织的行动(比如国际食品法典委员会(CAC)和世界卫生组织(WHO))。

另外,由微生物污染引起的食物损失也不可忽略。全世界谷物和豆类产量的损失至少10%,非谷物的原材料、蔬菜和水果的损失高达50%。食物污染可以通过两种途径影响贸易:第一,进口国可以拒绝进口污染量超过允许水平的产品。例如,在1980年1~3月份美国拒绝进口因霉菌和黄曲霉毒素污染的食品价值2 000万美元;第二,食品安全问题不仅在贸易上影响一个国家的声誉,也沉重打击了旅游业。1991年秘鲁霍乱流行使食品出口和旅游业的经济损失高达7亿美元。我们已经经历了如疯牛病-克雅氏变种(BSE-vCJD)、转基因作物和二噁英污染等对经济社会的影响(Gale *et al.*, 1998;Ferguson *et al.*,1999)。我们只能期望疯牛病-克雅氏变种的暴发会加速食品安全系统的完善,以阻止类似或更悲惨事件的发生(Thomas & Newby,1999;Brown *et al.*,2001)。另一方面,克雅氏变种和大肠杆菌O157:H7的暴发使得"从农场到餐桌"模式的食品安全控制得到强调,本书也将倡导这一方法。

通过确保应用食品安全体系"危害分析与关键点控制"(HACCP,见2.3),可以减少防治食物中毒的成本(Crutchfield *et al.*,1999),由于采用不同的经济模型,这个成本减少量估计在19亿~1 718亿美元之间。不考虑具体的数字,可以预计应用HACCP所降低的医疗费用和经济损失将远远超过使用HACCP本身的费用。

1.7 食品微生物危害的国际控制

国际食品贸易的进步大大增加了传染源的跨国传递风险,强调国际风险评估来预测致病微生物对人类健康的危险性是十分必要的。食品贸易全球化和自由化带来很多利益和机会,同样也带来新的风险。由于食品生产、加工和销售的全球化特点,传染源可以从原始的生产包装地点散播到几千英里以外的地方。食源性疾病是一个相当严重的全球公众健康问题,2000年5月在日内瓦举办的世界卫生联盟(World Health Assembly, WHA)第53次会议上,WHO将食品安全问题列为优先发展领域。WHO的主席Gro Harlem Brundtland强调了保护消费者健康的三大挑战(Brundtland 2001):

(1)通过重新评估和改进现有的食品安全体系,从农场到餐桌重新建立消费者的信心;

(2)确保全世界采用合理的食品安全标准,并协助所有国家达到这一标准;

(3)努力将转基因食品进入市场前的审批制度作为世界公认标准,以确保新产品不仅安全,而且比现存产品更好、更有益于消费者健康。

WHO和联合国粮农组织(FAO)在发展基于风险管理食品危害和公共卫生的方法上走在了世界前列。因为国际上已经建立了化学危害的风险分析,WHO和

FAO 将同样的方法用于微生物危害的风险分析(见第 3 章)。

乳制品工业中,巴氏消毒和灭菌的传统食品安全体系已经用 HACCP 方法进行了改进(见 2.3)。虽然,HACCP 得到了广泛应用,但许多国家报道的食物中毒案例仍在增加,这就需要发展新的食品安全系统,强调微生物对人类的直接风险评估。这种新的微生物风险性评估法需要了解更多食源性疾病在食物链中的流行病学知识。食品正处在全球供应链中,所以需要全世界的共同努力(包括政府和企业的合作),这促成了欧盟公共卫生和食品安全局(European Public Health Food Safety Authority,EFSA)的产生以及肠道菌监测网(Enter-Net)和沙门氏菌监测网(Salm-Surv)等网站的建立。

食品安全"从农田到餐桌"的方法强调在食品供应链中,如果能确保动物和家禽在农场中不被污染,那么保持食品不被微生物等污染就简单得多。举一个例子,在瑞典,无沙门氏菌禽肉生产几乎已经成功。这个项目每年要花费 800 万美元,但这笔开销远小于由沙门氏菌引起的高达 2 800 万美元的医疗开销(Altekruse *et al.*,1993)。

在动物饲料中添加抗生素可以抑制致病微生物的生长。不幸的是,这样就会造成耐药菌株的出现,使微生物同样会对医用抗生素产生抗性,对人类生命造成危胁。因此需要小心控制抗生素的使用(见 4.3.4)。

为确保全球食品安全,发展中国家和发达国家要共同参与建立食品安全体系。WHO 及其成员国达成共识,认为食品安全问题是全世界需要应对的挑战,世界卫生联盟 2000 年 5 月通过了一个食品安全决议,将食品安全作为一个重要的公共卫生问题。这个决议强调发展可持续的一体化食品安全体系,在整个食物链中减少对人类健康的风险。3.2.4 将详细介绍 WHO/FAO 的联合行动。

WHO 确定了 21 世纪食品安全的目标:

- 强化国家食品安全政策和基础设施建设;
- 为食品立法和执行提供建议;
- 评价和提倡安全的食品技术;
- 在食品安全方面培训食品加工人员、健康专家和消费者;
- 鼓励城市的食品安全设施建设;
- 加强旅游业的食品安全;
- 建立食源性疾病的流行病学监控方法;
- 监测食品的化学污染;
- 发展国际食品安全标准;
- 评估食源性危害和风险。

WHO 的后一个条款,也将是本书的重点。

WHO 的目标是通过考虑整个食物供应链,提供一个全局性的方法,以减少微生物引起的食源性疾病的负担。这一策略由以下元素组成:

• 发展食品微生物监测战略(国家数据库的容量和调查能力的发展);

• 微生物风险评估方法学(国际方法学的协定和指导文件的发展);

• 微生物风险评估建议(通过联合专家顾问组,对 CAC 及其成员国进行指导);

• 发展和加强风险交流方法学(研究风险认知的指南、高效交流的方法、快速预警系统的可行性);

• 新的预防战略(生产新食品的潜力,食品安全的调查研究法,对新出现的食源性致病菌特别是病毒给予专家咨询);

• 加强和协调全世界对食源性疾病的监控和暴发响应(监控的指南和标准、实验室和其他能力、网络)。

目前,全世界各国的食品安全方法并不一致,特别是对微生物学要求,在没有经过科学评价时,这种差别会引发国家间的贸易摩擦。被 CAC 和国际贸易协定采纳的标准、指南和建议(例如 WTO 的规定)在保护消费者健康和确保公平贸易中起着越来越重要的作用。1962 年,CAC 在其成立的同时,建立了 FAO/WHO 食品标准联合项目(Joint FAO/WHO Food Standards Programme)。食品法典(Codex Alimentarius)是 CAC 采用的国际食品标准的集合。法典标准覆盖了所有的主要食品,无论是加工、半加工或者初级原料。CAC 的基本原则是保护消费者健康,确保食品贸易公平进行(CCFH,1998)。

食品法典详细阐述了有关微生物危害在食品加工生产中的标准、指南和建议。这些标准、指南和建议的应用可以预防和消除食品中的危害或者将这些危害降低到可接受的水平。

1.7.1 实施动植物卫生检疫措施的协议(SPS)

多边贸易谈判乌拉圭回合的最终协定确立了 WTO 规则和关贸总协定(General Agreement on Tariffs and Trade,GATT),也促使动植物卫生检疫措施的协议(SPS Agreement)和贸易技术壁垒协定(TBT Agreement)的产生。WTO 协议的生效是发展国际食品贸易新卫生措施的主要因素。

GATT 中关于 SPS 的协议重新强调了任何国家都不能阻止采纳或者执行对保护人类、动物和植物生命及健康的措施(GATT,1994)。WTO 中商定的 SPS 条款(第 5 款)鼓励食品安全标准的"一致性":

(各成员需要确保各自的动植物卫生检疫措施是基于对人类、动物和植物健康的风险评估,对环境适宜,并且使用相关国际组织描述的风险评估技术。)

如果能够确保各国那些保护人类健康的措施是经过科学评价而建立,而不是为食品贸易设置的非关税壁垒,那就可以促进食品跨国的自由贸易。协定中阐述了 SPS 措施是基于 CAC 制定的合理标准、规则和指南,旨在保护人类健康,并与相关的 GATT 规则一致。WTO 的 SPS 协定也承认国际动物卫生组织(Office Internationale des Epizooties，OIE）和国际植物保护公约（International Plant Protection Convention，IPPC）分别作为制定国际动物和植物健康标准的机构。CAC，OIE和IPPC应该在制定各自标准时互相协调，充分考虑到影响动植物安全的因素，以确保国际食品安全标准的一致性，例如对待vCJD引起人类的BSE病的检疫标准（Collinge *et al.*，1996）。

SPS协定于1995年生效，CAC为了支持这一协议能够在适当的范围内与风险评估结合起来，采取了全面的行动计划。SPS协定承认政府具有保护其人民健康免受由进口食品引起的危害而采取强制检疫的权利，尽管这样可能会阻碍贸易的发展。但是，这种检疫措施必须基于风险评估，以避免不公正贸易和贸易保护。

食源性危害管理需要科学透明的风险评估体系。而风险评估要基于科学的、有公信力、对结论有信心的人员来执行。风险评估和风险管理的过程和结论都要透明化，并伴以有效的交流活动。许多发展中国家设施落后，不能有效地管理现存的和新出现的食品风险。在改进远距离的食品分销方式同时，污染食物的病原菌检测方法也得到了改进，包括化学和生物污染物的检测方法。然而，检测到的成分不一定会对公共健康产生危害，因此风险评估需要估计污染的严重程度，准确告知公众，必须通过国际公认的标准做出决定，而且是基于科学依据而非政治因素。食品工业中，食品法典标准是国际公认的，并且服从SPS规定。基于食品卫生要求的良好操作规范（GMP）（例如终产品检测）通过HACCP的实施而不断完善。因此，风险评估更强调暴露数据的预测微生物学。相反，这将有助于HACCP计划中临界点（Critical Limits）的确定（Buchanan，1995，1997；Notermans *et al.*，1999；Serra *et al.*，1999）（见2.3）。

各国际组织如FAO、WHO和CAC鼓励应用诸如HACCP之类的食品安全管理体系。HACCP的执行将重点从终产品检测问题的反馈控制转移到食品加工过程中的危害鉴定，并确保危害控制步骤的有效性。正因如此，HACCP在不同领域得到广泛应用。然而HACCP并不能做到SPS协定中要求的评估食品的消费风险。

因此，SPS协定大力推进微生物风险评估的发展，并支持食品安全中有关标准、指南和建议的具体实施。它为检疫和植物检疫措施的模式化和一致化提供了框架。这些措施必须建立在科学的基础上，并得到公正透明的执行，不能作为不公正的贸易壁垒歧视外国供应的产品或者给予本地产品特殊的优惠政策，而采取不公正透明的措施。为了促进国内外市场安全食品的生产，SPS协定鼓励政府订制国家措施或者采用国际标准制定机构确定的标准、指南和建议。

1.7.2　微生物风险评估的起源

SPS和TBT协定的目的是防止利用国家和地区的技术要求或者一般标准设置不公正的贸易技术壁垒。TBT协定涵盖所有标准，包括食品质量要求（不包括 SPS 措施相关的要求),同时包括大量保护消费者免受欺骗和经济欺诈的措施。TBT 协定同样强调国际标准的重要性。WTO 成员国有责任采用国际标准,或者当国际标准不适用于国情时,部分使用国际标准。WTO 协定要求采用国际组织开发的风险评估技术为食品安全和 SPS 措施等的国家食品法规提供科学依据。

由于 SPS 协定和 WTO 规则,食品法典中有关标准、规则和指南成为生产安全食品和保护消费者的基础。因此,法典委员会就成为食品安全要求的国际咨询机构。CAC 将识别食品中微生物危害的风险评估作为优先工作领域。国际食品法典卫生委员会(Codex Committee on Food Hygiene, CCFH)负责国际贸易中的食品风险管理,因为 CCFH 全面负责所有由 CAC 商品委员会拟定的食品卫生规定。CCFH 列出了一份病原菌-商品组合清单(pathogen commodity combination),专家要在该清单上给出商品的风险评估建议(表 5.1)。CAC 的风险管理者呼吁建立一个保护大众健康免受食源性危害的专家咨询机构。因此,FAO 和 WHO 食品风险管理和安全联合顾问组指出,CCFH 的工作可以从以风险管理为目的的食源性微生物危害专家组的建议中受益。这份报告建议,这样的专家委员会可以提供有关微生物风险评估的科学建议,这与 FAO/WHO 食品添加剂联合专家委员会(JECFA)和 FAO/WHO 农药残留联合会议(JMPR)对食品添加剂、污染、兽药残留和农药残留提出的意见相同。FAO 和 WHO 正在联合向其成员国和 CAC(JEMRA)提供食品中微生物危害的风险评估专家报告。表 1.9 列出了 WHO 和 CAC 的大事年表。

表 1.9 WHO/FAO 法典委员会(CAC)大事年表(表 3.2)

1991—1993	由 GATT 协助召集的 FAO/WHO 食品标准、化学物和食品贸易联合会议(1991)。建议 CAC 在决策制定中整合风险评估原则
	在第 19 届(1991)和 20 届(1993)法典会议上同意在其步骤中使用风险评估原则
1994	法典执行委员会敦促 FAO 和 WHO 召集一个风险分析顾问组
1995	FAO/WHO 食品标准问题风险分析应用联合专家顾问组推荐风险评估的基础术语和原则,并得出结论:微生物危害风险分析面临着独特的挑战(FAO/WHO,1995)
	所有法典委员会相关的风险分析概念进入 CAC 程序;FAO 和 WHO 要求进一步召集风险管理和风险交流的顾问组
1996	食品法典卫生委员会(CCFH)出版《微生物风险评估应用原则和指南》
1997	FAO/WHO 食品安全问题风险管理联合专家顾问组明确提出风险管理框架和风险管理元素,指出风险管理是一个评价、选项评估、执行、监测和回顾的持续过程(FAO/WHO,1997a)
	CAC 决定采纳食品安全相关风险分析术语的关键定义,并发表在法典委员会程序手册中(FAO/WHO,1997b)

续表 1.9

1998	FAO/WHO 联合专家顾问组:《风险交流在食品标准和安全问题中应用》确定了有效的风险交流要素、指导原则及其策略(FAO/WHO,1998)
1999	FAO/WHO 联合专家顾问组:《食品微生物风险评估》旨在发展一个国际化的微生物危害战略和支持机制(FAO/WHO,1999) 法典委员会:《微生物风险评估原则和指南》(CAC,1999)
2000	《WHO/FAO 食品和水中病原菌的危害特征指南草案》(WHO/FAO,2000a) FAO/WHO 联合专家顾问组:《食品微生物危害评估者和管理者的互动》(WHO/FAO,2000b) FAO/WHO 联合专家顾问组:《食品微生物危害评估》(WHO/FAO,2000a) FAO/WHO-CCFH 联合文件:《微生物风险管理实施的原则和指南草案》(CCFH,2000)

微生物风险评估的确立是建立在 FAO 和 WHO 系列咨询及 CAC 文件之上的。自 1995 年以来,WHO 与 FAO 协作共同制定了食源性危害风险分析框架。这个过程包括大量的联合专家咨询:

(1)应用食品标准和食品安全风险分析,用以从原则上处理风险评估问题,Geneva,1995;

(2)风险管理和食品安全,Rome,1997;

(3)应用食品标准和安全事务的风险交流,Rome,1998;

(4)食品微生物危害的风险评估,Geneva,1999;

(5)风险管理,Rome,2000;

(6)评估者和管理者互动,Kiel,2000。

报告中包含的原则和建议将作为 CAC 委员会的指导方针,让其重新审视其职责范围内的标准和建议,为政府、企业和其他希望发展风险分析活动的团体提供一个食品安全领域的总体工作框架。可以通过互联网查找 URLs 地址列表,以便下载这些文件,主要的 CAC 委员会刊物有:

(1)《微生物风险评估的实施原则与指南》,CAC/GL-30(CAC,1999);

(2)《微生物风险管理的实施原则和指南的提议草案》(已进入第 3 步程序) CX/FH 00/6(CCFH,2000)。

1995 年举办的 FAO/WHO 联合专家顾问组关于食品标准问题的风险分析应用会上对风险分析的三大组成元件予以定义(FAO/WHO,1995):

(1)风险评估。系统客观的评价所有属于食源性危害可用信息的过程,这一过程可以定性(或定量)风险。

(2)风险管理。参照风险分析结果,权衡政策的选择,如有必要,选择和执行适当的控制措施(包括调控措施)。这个过程可以控制或者避免风险的发生。

(3)风险交流。在风险评估者、风险管理者、消费者和其他相关团体中进行的有关风险和风险管理的信息和意见的交流。这一过程可将风险告知他人。

微生物风险评估的一般框架见图 1.3

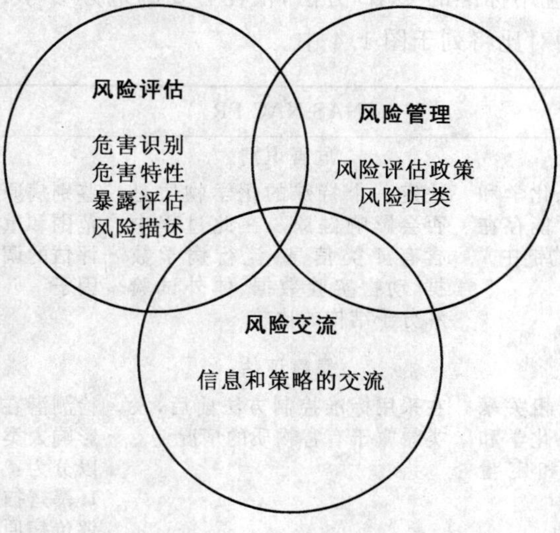

图 1.3　微生物风险评估的一般框架

风险评估要求采用科学的方法获取信息,并透明地实施已经确定的科学步骤。但是,在风险评估中很难获得足够多的科学信息,因此结论中必然含有不确定性因素。

风险管理可以通过加工处理的卫生化、HACCP 规程的实施和标准或规格的设置等方法来实现。

风险交流为公众提供了食品危害及其在一般大众和特殊群体如免疫缺陷者、婴儿和老人中有关风险性的专业、科学的回顾。风险交流为工业和消费者提供了减少、阻止和避免食品危害的信息。

这三大部分的细节仍在讨论和修改当中。1997 年欧盟科技合作任务计划(SCOOP,由法国发起)正在开展食源性病原菌和毒素的微生物风险评估。这个计划实施了 2 年,评估了欧盟各成员国整理的微生物风险评估资料(SCOOP,1998)。这份研究报告第一次指出不同国家根据 CAC 定义的微生物风险评估应该做些什么(1998)。共有来自 13 个国家的 39 名科学家参与这个项目。研究得出结论:尽管微生物风险评估在全欧洲快速发展,但几乎没有完整的风险评估报告发表。Cassin *et al*. (1998a)引入"过程风险模型"(process risk model),将微生物风险评估、环境分析和预测微生物学结合在一起。另外,Cassin 使用"剂量-反应评估"(dose-response assessment)来与 CAC 和 WHO 1995 年的术语"危害特性"(hazard characterisation)(WHO,1995;Portter,1996)相对应。国际生命科学学会(International Life Science Institute,ILSI)已经出版了一本《微生物风险评估框架修改版》,这是《食品安全管理工具》单行本的修改版(ILSI,1998a,b)。原来的 ILSI

的风险评估更适用于水源性微生物危害(ILSI,1996)。虽然这是一份很有价值的文件,但本书中将应用标准的CAC方法,仅在必要的地方参考ILSI方法。风险评估中的同义术语的对比将列于图1.4中。

CAC	NAS-NAC PR	ILSI
危害识别 对健康不利的生物、化学和物理因素的确定,可能存在于特定的食物或食物链中	危害识别 决定一个特殊的化学物质是否会影响健康。在此过程中含有4类信息:流行病学数据、动物实验数据、体外试验和分子结构的比较	问题表述 鉴别病原菌风险评估的目标、范围和重点的系统计划步骤,评估的调整内容、政策和主要因子
暴露评估 通过食物或者其他相关暴露途径摄入的生物、化学和物理因子的定性和定量评估	暴露评估 在采用标准控制方法前后,人类暴露于有害物质的情况	分析过程 检测潜在病原菌暴露数据和影响人类健康的因素,过程可以分为: 1.暴露描述 评价病原菌、环境和人三者之间的相互作用。步骤包括病原菌描述、病原菌发生和暴露分析,结果就是暴露档案。 2.人类健康影响描述 评价病原菌在特殊条件下影响人类健康的能力,步骤包括宿主描述、人类健康影响的评价和剂量-反应关系的定量分析,其结果可编制宿主-病原菌档案
危害特性 与危害相关的对健康不利影响的定性和/或定量评价,包括剂量-反应评估	剂量-效应评估 决定暴露程度与影响健康可能性之间的关系。方法包括低剂量外推法和动物到动物外推法	
风险描述 定性和/或定量预测,包括随后的不确定性在特定人群中发生的概率和已知或潜在的对健康不利影响的严重程度	风险描述 描述人类面对的风险的本质和程度,包括随后的不确定性	风险描述 估计不利于人类健康的可能性,用来说明暴露于微生物污染或媒介中的结果

图1.4 微生物风险评估同义术语(ILSI,2000)

因此,微生物风险评估最近才应用于微生物性食品安全问题。根据Klapwijk等(2000)的研究,1994—1999年间主要的出版物来自美国(24/66),多半的出版物(35/66)都是综述,只有7份完整的微生物风险评估着眼于特定的病原菌-商品组合:

(1)Notermans等(1997):巴氏灭菌乳中的蜡状芽孢杆菌风险;

(2)Brown等(1998):鸡肉产品中的沙门氏菌风险;

(3)Cassin等(1998a):绞碎牛肉(肉糜)中的大肠杆菌O157:H7风险;

(4)FSIS(1998):带壳鸡蛋和蛋制品中的肠炎沙门氏菌风险;

(5)FDA(1999):单核细胞增生李斯特菌风险的数据调查;

(6)Soker 等(1999):饮用水中的轮状病毒风险(ILSI 格式);

(7)Teunis 和 Havelaar(1999):饮用水中的隐孢子虫风险(ILSI 格式)。

在表 1.10 中列出了对不同病原菌-商品组合的研究。这些内容将在第 3 和第 4 章中详细介绍。目前,食品微生物的风险评估的应用是一个正在发展的项目,该领域尚缺乏充足的信息,需要进行进一步的研究和分析。

表 1.10　微生物风险评估研究(表 3.2)

微生物体	参考资料
沙门氏菌	
鸡蛋和蛋制品	Todd(1996);Whiting & Buchanan(1997);FSIS(1998);Ebel. *et al*.(2000)
禽肉制品	Brown *et al*.(1998);Oscar(1998a,b);Fazil *et al*.(2000a)
单核细胞增生李斯特菌	Peeler & Bunning(1994);Farber *et al*.(1996);Van Schothorst(1996,1997);Buchanana *et al*.(1997);Notermans *et al*.(1998a);Bemrah *et al*.(1998);FDA(1999);Todd *et al*.(1999);Lindqvist & Westoo(2000);FDA(2001)
大肠杆菌 O157:H7	Cassin *et al*.(1998a);Marks *et al*.(1998);Haas *et al*.(2000);Hoornstra & notermans(2001)
蜡状芽孢杆菌	Zwietering *et al*.(1996);Todd(1996);Notermans *et al*.(1997);Notermans &Batt(1998);FSIS(1998);Carlin *et al*.(2000)
弯曲杆菌	Medema *et al*.(1996);Fazil *et al*.(2000)
耐氟喹诺酮类抗生素	FDA(2000a)
副溶血弧菌	FDA(2000b)
真空调理食品	Barker *et al*.(1999)
BSE	Gale(1998)
饮用水	FAO/WHO(2000b);Gale(2001)

国际食品贸易中的微生物危害管理可以分成 5 个步骤(ICMSF,1997,1998c):

(1)进行风险评估。风险评估和随后的风险管理决策为确立微生物安全目标(microbiological safety objectives)提供了基础(见 3.6)。

(2)确立食品安全目标。微生物食品安全目标是为了在保护消费者健康时,食品中含有可接受的微生物危害的最高水平。这一目标应由政府部门在服从国际食品贸易利益的情况下建立。

(3)实现食品安全目标。食品安全目标的实现应该贯穿整个食物供应链。通过一般食品卫生措施、任意产品特殊规定和 HACCP 体系得以实现。HACCP 系统由食品企业来建立(见 2.3)。

(4)在适当的时候制定微生物准则。需要由食品微生物专家组制定(见 2.8)。

(5)确定食品的口岸接受程序。通过对设备及操作检查、认证、微生物检测和/或其他测试(如 pH 值和水分活度测定等)确定一批有资质的供应商名单。

因此,很有必要对 HACCP、微生物风险评估(包括食品安全目标)和微生物准则加以充分认识(Notermans *et al*., 1996)。在国际食品贸易中,微生物风险评估只是一系列微生物危害管理步骤的一个组成部分。为了进行有效的微生物风险评估,收集食品从生产到消费所涉及的技术和加工实践的关键信息势在必行。

(史贤明、施春雷、范一灵　译)

2　食品安全，控制和 HACCP

2.1　引言

食品微生物安全主要可以通过以下措施得到保证：

- 在食品安全生产和操作过程中，教育和培训食品加工者及消费者正确对待生产、加工（包括标签）、处理、分销、储藏、销售、准备和食用等环节；
- 对食源性病原菌及其毒素进行检测；
- 实施危害分析及关键点控制系统（HACCP）；
- 源头控制；
- 产品设计和加工控制。

对于食品安全的考虑必须贯穿于整个食物供应链，即从农场中的食品生产开始直到消费，也就是通常所说的"从农田到餐桌模式"。为实现这一模式，需要综合应用食品安全控制方法（Forsythe & Hayes，1998，图 2.1）。

图 2.1　食品安全管理工具（ILSI，1998a）

- 良好生产操作规范（GMP）；
- 良好卫生规范（GHP）；
- 危害分析及关键点控制（HACCP）；

- 微生物风险评估(MRA);
- 质量管理系统(ISO 系列);
- 全面质量管理(TQM)。

由于这些控制手段在世界范围内广泛应用,食品经销商和监管机构可以更方便地沟通(特别是在进出口时)(见 1.8)。

2.2 HACCP 的实施

传统的食品安全是通过对终产品进行食源性微生物或毒素的检测来加以维护,但这种回顾式的方法并不能保证食品安全。采用更为积极的 HACCP 原则,已在世界范围内被广泛认可。

管理食品安全的 HACCP 体系经历了两个主要的发展阶段:

(1)20 世纪 60 年代,Pillsbury 公司与美国陆军、美国航空航天局(NASA)联合为美国空间计划开发安全的航天食品,首先提出 HACCP 系统。NASA 要求食品"零缺陷"以保证宇航员食品的安全(Bauman,1974)。

(2)全面质量管理体系强调的是加工过程的系统性,在降低成本的同时改进产品质量。

HACCP 是建立在科学基础上的程序化体系,可以系统性地确定特定危害,并采取相应的控制措施,以确保食品安全。它需要食品工厂从生产线到管理层等各个方面的配合。HACCP 是一个关注预防、评估危害和确立控制系统的工具。HACCP 计划可适应各种变化,诸如设备设计的改良,加工工艺或技术的革新等(CAC,1997a,c)。

HACCP 可以应用于从原料到终产品消费的整个食物链,其执行应是建立在食物对人类健康危害风险的科学评估基础之上。除了加强食品安全外,执行 HACCP 还可以起到其他更为重要的作用。HACCP 体系的应用可以帮助监管机构进行检查,通过增强食品安全促进国际贸易。

成功应用 HACCP 需要生产者和管理层共同参与,同样还需要涉及多种学科方法。HACCP 可以和质量管理体系(例如 ISO 9000 系列)共存,HACCP 和其他食品安全管理体系一样是可供选择的体系。

HACCP 体系建立的基本原则在出版物《*Hazard Analysis and Critical Control Point System and Guidelines for its Application*》(CAC 1997a,c)和《*HACCP in Microbiological Safety and Quality*》(ICMSF 1988)中有详细介绍。表 2.1 是食品企业应用 HACCP 的基本纲要。其中黑体字部分是 HACCP 七原则。

表 2.1 HACCP 体系的建立和执行

管理者用 HACCP 体系进行决策
组建 HACCP 小组并培训
完善 HACCP 计划文件,包括以下几个部分(CAC,1997a)
组建 HACCP 小组
描述食品生产和其分销渠道
确定预期用途和消费者
制作和完善各种生产工艺图
现场验证流程图
(1)进行危害分析
(2)确定关键控制点(CCPs)(图 2.2)
(3)建立临界限值
(4)建立监控程序
(5)建立纠偏措施
(6)建立验证程序
(7)建立文件和记录保存系统

2.3 HACCP 概要

为了生产安全的食品,将食源性病原菌和毒素控制在可接受的范围内,必须确立 3 个控制步骤:

(1)通过卫生措施阻止微生物污染食品,这包括对配料、环境、仪器、清洁和消毒工具以及人员的检测。

(2)抑制微生物在食品中生长及毒素的产生。可以通过冷藏、冷冻或其他加工方法,如降低水分活度或 pH 值实现,但这些方法却不能杀死微生物。

(3)杀灭所有食源性微生物。例如,改变时间和温度等加工工艺或添加合适的防腐剂。

这些原则由 CAC(1993)和美国国立食品微生物标准咨询委员会(NACMCF,1992,1998a,b)提出,这些原则都是国际公认的方法,但在解释和执行这七项原则的时候会因人而异。本书是根据 CAC,WHO 和 NACMCF(1998a,b)的表述进行介绍。在下一节中,国际食品法典委员会的原则将用斜体字表示。需要指出的是,国际食品法典委员会的原则 6 和原则 7 交换了顺序。

2.3.1 食品中的危害

在 HACCP 中危害的定义是:可能引起食品消费不安全的生物、化学或者物理因素。

生物危害是指活的有机体,包括微生物(细菌、病毒、真菌)和寄生虫。

化学危害有两个大类。第一大类是自然界存在的有毒物质、化学成分或者有害物质。这些都是食物中天然存在的成分，不是由环境、农业、工业或者其他污染引起的(例如黄曲霉毒素和贝类毒素)。第二大类是在食物链中，有意或无意添加到食物中的有毒化学物质或有害成分，这一类化学物质包括农药、防霉剂、润滑剂和清洁剂。

物理危害是指某种在食品中不常含有的会引发疾病或伤害的物质。物理危害包括玻璃、木材、石子和引起疾病的金属。表 2.2 列举了几种危害的例子。

表 2.2 与食品相关的危害

生物学	化学	物理学
大型生物	兽药残留	玻璃
微生物病毒	抗生素，生长激素	金属
病原细菌	塑型剂和包装迁移物	石子
芽孢细菌	氯乙烯	木头
非芽孢细菌	双对羟苯基丙烷	塑料
细菌毒素	化学残留	害虫的肢体
贝类毒素	农药(DDT)	绝缘材料
软骨藻酸，岗田酸，NSP，PSP[a]	清洁剂	骨头
寄生虫和原生动物	过敏原	果核
真菌毒素和原生动物毒素：	有毒金属	
赭曲霉素，黄曲霉毒素，串珠镰	铅，镉，砷，锡，汞	
孢菌毒素，棒曲霉毒素	食品化学物质	
	保鲜剂，加工助剂	
	放射性物质	
	^{131}I，^{127}Cs	
	毒素，多氯化联苯(PCB)	
	禁用物质	
	印刷油墨	

注：[a]NSP 神经贝类毒素；PSP，麻痹贝类毒素；

引自 Snyder(1995)和 Forsythe (2000)。

2.3.2 在 HACCP 体系运行前的准备工作

在 HACCP 七原则运作之前，首先需要：

(1)组成 HACCP 工作小组。从事食品生产的人员应具备正确的食品生产知识和专业技能，以确保能有效运用 HACCP 方案，因此，最好能组建一个拥有多种学科知识的工作小组。如果不能找到相关专家加入，就需要从其他来源得到专家的建议。考虑食物链的整体范围并关注所有危害(例如，考察 HACCP 的计划是包括了全部危害，还是仅包括几种特定的危害)

(2)产品描述。必须核实有关产品的详细描述,包括相关的安全信息,例如组分、物理化学结构(包括 a_w,pH 值等)、灭活/抑制方法(热处理、冷冻、盐浸和烟熏等)、包装、耐受性、储藏条件和分销方式。

(3)确定预期用途。预期用途是建立在最终使用者或消费者对产品期望的基础上。在一些特定的情况下,可能需要考虑到易感人群(例如学校师生)。

(4)构建流程图。HACCP 小组应该构建流程图,流程图涵盖所有的操作步骤。当 HACCP 应用于某一项具体的操作中时,应当在操作之前对每一个步骤都给予重视,并严格遵循操作流程。

(5)流程图的现场验证。HACCP 小组应该对实际加工操作中的所有步骤和操作时间与流程图进行比较,并在适当时候修正流程图。每天早晚换班和周末的时候都应检查操作过程,防止人为改变检测水平。

2.3.3 原则 1:危害分析

进行危害分析。准备一份重要危害发生的操作步骤清单,描述预防危害发生的方法。

HACCP 小组应该拟定操作步骤清单,这份清单应包含所有可能发生的危害,从生产的最初环节开始,包括加工、制造、分销直到消费。危害评价应该包括以下几点:

- 危害发生的可能性和它们影响健康的程度;
- 对已经存在的危害定性和/或定量评价;
- 所关心的微生物的存活量和增值;
- 毒素、化学和物理成分在食品中的产生和持续存在时间;
- 导致以上危害的条件。

为了达到生产安全食品的要求,危害分析应该确定哪种危害可以被消除或者被减少到可接受的水平。

食源性病原菌的一般来源有:

(1)原材料;

(2)人员;

(3)环境(空气、水和设备)。

由微生物引起的疾病所造成的严重性可以从 ICMSF 的出版物等官方文献中查到,表 1.3 对此进行了简述。食源性病原菌出现的可能性同样可以在 ICMSF 和相关著作中查到(表 1.2)。清单中给出了拥有食源性病原菌更多信息的网页列表;FDA BAD Bug Book(见网络目录)是一个官方参考资料源。有很多网站都提供有关食物中毒在世界范围内暴发的信息,很多都可以免费进入。国家食物中毒统计数据可以从官方机构得到。

2.3.4　原则2:关键控制点

确定加工过程的关键控制点(CCPs)。

HACCP小组必须将原则1中确定的危害通过关键控制点(CCPs)加以消除或将危害降低到可接受的水平。根据决策树可以确定这些CCPs,如图2.2所示(NACMCF,1992)。这一系列问题回答了哪些因素、哪些控制点是关键控制点。如果合理,也可以应用其他类型的决策树。问题在于所谓的“可接受”是对哪些人而言,生产者的“可接受”和消费者的“可接受”截然不同,这就是HACCP在今后执行中需要微生物风险评估进行补充,尤其是在确定CCPs时需要科学、公正和透明。

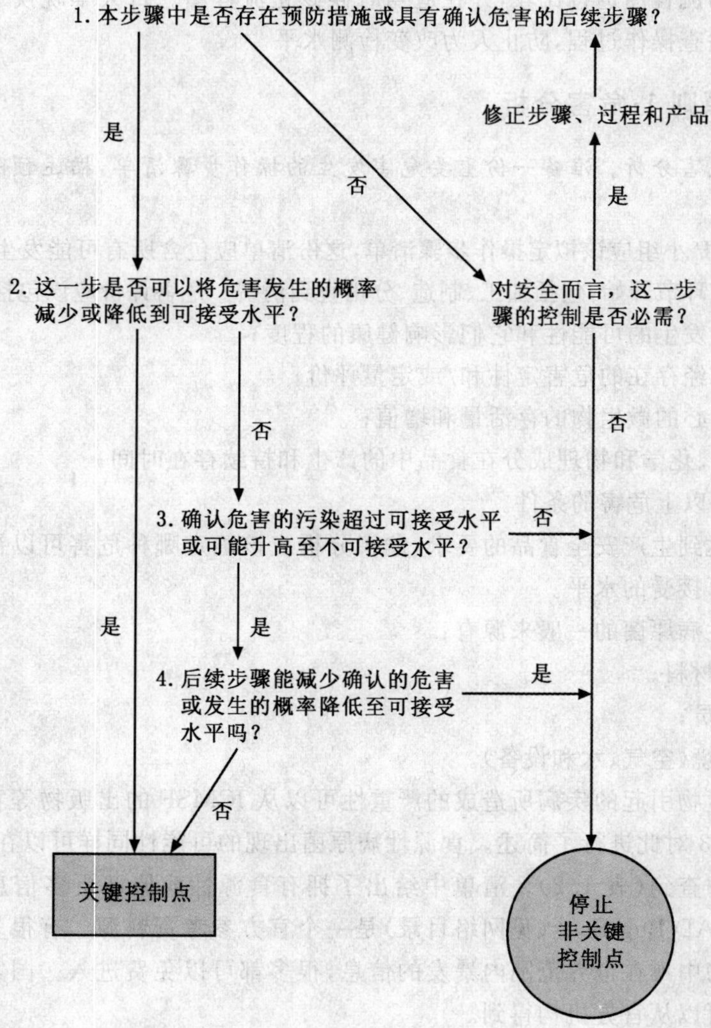

图2.2　关键控制点决策树

CCP 必须是定量过程，要有可衡量的限值并能够在原则 3，4 中得到监控。如果在流程图中没有对已确定危害的控制措施，那么就要修改产品或加工过程，增加控制点。一些人将 CCPs 分成两类，一个是直接 CCPs（CCP1s），可以将危害消除；另一个是间接 CCPs（CCP2s），只能减少危害。虽然这种方法不是现行的推荐方法，但对确定关键危害很有帮助。例如，牛奶的巴氏杀菌是 CCP1，而在收货时对初牛乳的评价（微生物携带量和抗生素含量）则是 CCP2（图 2.3）。蒸煮工序很明显为 CCP，应建立温度和时间的临界限值，并对限值进行监控和校正（见 2.5.4）。与温度不相关的控制因素包括水分活度和 pH 值。

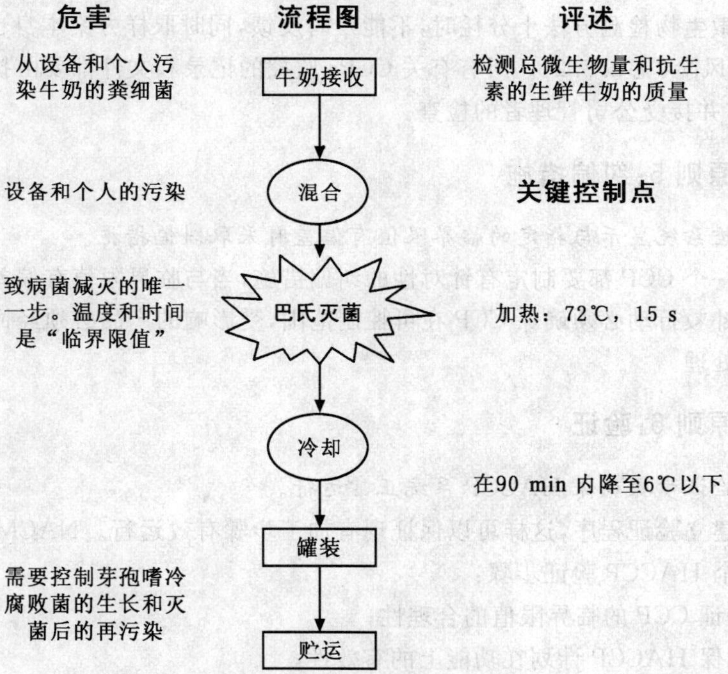

图 2.3　巴氏杀菌乳的 HACCP 流程图

2.3.5　原则 3：临界限值

针对每一个关键控制点采取预防措施，设立临界限值

如果可能，对每一个 CCP 都要设定明确、正确且有效的临界限值。CCP 的临界限值是区分安全和不安全的重要分水岭。临界限值要有定量参数，比如温度、时间、pH 值、湿度或者水分活度、盐浓度或者可滴定酸度和有效氯浓度。

2.3.6　原则 4：CCP 的监控

确立 CCP 监测要求。确立根据监控结果调整加工步骤和主要控制措施的程序。

监控是对 CCP 相关临界限值按预定程序进行测量或观察。监控程序必须能够监测到 CCP 控制点的失效。监测为控制系统纠偏及时提供信息(最好是现场),通过对目标值趋势预测,保证纠偏措施能在偏离临界限值之前得以实施。

监测数据必须由具有专业知识并能在得到通知时执行纠偏措施的人员进行评价。如果监测是非连续进行的,那么必须保证合理的监测频率来确保 CCP 控制点在安全标准之内。大部分针对 CCPs 的监控步骤必须快速完成,因为这涉及到现场操作,没有足够长的时间可供分析和测试。物理和化学方法经常要比微生物测试常用,因为这些测试可以快速完成并能说明产品中微生物状态。基于单独样品或取样方案的微生物测试对加工过程 CCP 的价值是有限的(见 2.8),这主要是因为常用的微生物检测方法十分耗时,不能及时反馈,同时取样方案本身也存在消费者-生产者风险(见 2.8.2)。所有有关 CCPs 监控的记录和文件都要由执行监测的人员签字,并接受公司管理者的检查。

2.3.7 原则 5:纠偏措施

当监控系统显示与指定的临界限值有偏差时采取纠偏措施。

对每一个 CCP 都要制定有针对性的纠偏措施,当与临界限值有偏差时执行纠偏。这种补救行动必须确保 CCP 在可控制范围,受影响的产品必须经回收或者销毁等适当处理。

2.3.8 原则 6:验证

建立验证步骤确保 HACCP 系统正常运行。

必须建立验证程序,这样可以保证现有加工步骤有效运行。NACMCF(1992)制定了 4 个 HACCP 验证步骤:

(1)验证 CCP 的临界限值的合理性;

(2)确保 HACCP 计划在功能上的有效性;

(3)在审核和其他验证步骤之外,评价文件的时效性;

(4)管理部门要负责确保 HACCP 系统执行的正确性。

验证步骤的频率要足够保证 HACCP 系统有效的运作。验证和审核方法,程序和检测包括随机抽样和分析都可以用来验证 HACCP 系统是否正常运作。验证行动的例子有:

- 审查 HACCP 系统和记录;
- 审查偏离的出现和产品的处理;
- 确认 CCPs 在可控制范围内。

出现下列情况时应该执行验证步骤:

- 定期或者随机抽查来确保 CCPs 在可控制范围内时;
- 发生有关产品安全的紧急事件时;
- 当食品有可能成为食源性疾病的传播媒介时;

- 当修改 HACCP 计划后,为了确认这种修改可以正确执行时;
- 当生产步骤、设备和原料等发生改变,评价是否应该修改 HACCP 计划时。

2.3.9 原则 7:保存记录

建立有效的 HACCP 系统的纪录保留程序。

HACCP 程序应该有文件记录。这些记录必须保存以证明产品加工的安全或者在偏离临界限值时采取了合适的措施。保存文件的例子如下:

- 危害分析;
- CCP 的确定;
- 临界限值的确定。

记录的例子如下:

- CCP 监控活动;
- 偏差及相关的纠偏措施;
- HACCP 体系的修正。

2.4 源头控制

保证食品安全的最首要措施是防止食品原材料的污染(CAC,1997b)。例如,防止布鲁氏菌污染牛奶可以通过对动物采取适当的健康措施来实现(例如动物接种疫苗);农药残留水平可以通过正确实施良好农业操作规范来控制,生物技术的使用可以增强植物对疾病的抗性,可以减少农药用量,这对本身可分泌毒素的植物的生产十分重要。需要指出的是转基因食品的危害不在本书的讨论范围内。对多数化学污染(比如 PCBs 和毒素)而言,通过环境措施阻止污染是唯一可行的保持污染程度在安全水平内的方法;用清洁水灌溉是减少甲肝病毒传播的重要方法。防止微生物污染并非总是可行,土壤里包含成千上万的细菌、病毒、原生动物,包括病原菌,因此一些潜在的病原微生物常附着在植物、动物和鱼类等高等生物体上,成为他们的附生部分。

2.5 产品设计和加工控制

尽管实施了良好农业操作规范,仍然会有一些原料被病原微生物污染。在许多发展中国家,炎热和潮湿的天气常是霉菌生长和毒素产生的原因。食物链后期不当的加工步骤(例如运输、储藏、分销和配制)也可能增加污染水平。应用食品技术是阻止食源性疾病的必要措施,在控制病原菌的同时,多数食品技术也可以抑制微生物繁殖,因此经常从这两个方面来确保食品安全和延长食品货架期。

从公众健康角度出发，根据食品技术的作用，如预防、减少（消灭）、控制污染，可将其分为3组：

(1)提高食品安全性的技术（例如减少食品中存在的污染）；

(2)将污染控制在安全限度内的技术（例如阻止微生物生长或者产生毒素）；

(3)防止加工期间或加工后期污染的技术。

实际上，为达到某一目标经常结合使用两种或两种以上的技术，例如，鲜牛乳经巴氏消毒提高安全性（图2.3)，然后经无菌包装保证产品不被二次污染。

控制微生物腐败及安全危害的传统方法包括：

- 冷冻；
- 热烫；
- 巴氏消毒；
- 灭菌；
- 罐装；
- 腌制；
- 糖渍；
- 防腐剂的使用。

这些食品加工技术包括物理方法（热处理、冷冻）和化学添加剂方法（腌制）。对于前者，只要加工时存活的病原菌控制在允许范围之内并且加工后没有二次污染，食品就是安全的。对于后者，只要化学物质持续在食品中保持活性，就能有效控制食品污染。为了设计有效的处理手段，必须理解各种因素对微生物生长的影响。

2.5.1 影响微生物生长的内外部因素

食品是一种复杂的化合物介质，因此估计特定食物中微生物生长以及生长速度很难。多数食品都含有使微生物生长的充足营养成分。食品中影响微生物生长的因素分为两大类：内部因素和外部因素（表2.3和表2.4)。食品添加剂如防腐剂，是用于保证加工食品的安全以及防止食品在货架期内腐败的方法。在食品加工中采用一系列添加剂，包括传统的食品添加剂。许多添加剂仅在低pH值下起作用，如苯甲酸（pH<4.0)，丙酸（pH<5.0)，山梨酸（pH<6.5)，亚硫酸盐（pH<4.5)。苯甲酸酯类（对羟基苯甲酸酯）在中性的pH值下比较有效。不同的内因和外因在许多著作中均有大量的描述（Forsythe,2000)。读者可查阅国际食品微生物标准委员会文件（ICMSF)(1996a)以及相关文献，以获取准确的微生物生长pH限值。

表 2.3 影响微生物生长的内外部参数

内因	外因
水分活度,湿度	温度
氧气含量	相对湿度
pH 值,酸度,酸化剂种类	空气组成
缓冲能力	包装
营养物含量	
天然抗生素成分	
天然微生物的存在及种类	
胶体结构	

表 2.4 微生物生长的限值

生物体	最低水分活度(a_w)	pH 值范围	温度范围(℃)[a]	D 值
蜡状芽孢杆菌	0.93	4.3～9.3	4～55	D_{100} 5.0
空肠弯曲杆菌	0.99	4.9～9.5	30～45	D_{50} 0.88～1.63
A 型肉毒梭菌和蛋白水解 B 和 F 型	0.953	4.6～9.0	10～48	$D_{121.1}$ 0.21
肉毒梭杆菌 A 型和非蛋白水解 B 和 F 型	0.965	5.0～9.0	3.3～45	D_{82} 0.49～0.74
产气荚膜梭杆菌	0.945	5.0～9.0	10～52	D_{100} 0.3～20.0
大肠杆菌 O157:H7	0.935	4.0～9.0	7～49.4	D_{58} 1.6
单核细胞增生李斯特菌	0.92	4.4～9.4	−0.4～45	D_{62} 2.9～4.2
肠炎沙门氏菌	0.94	3.7～9.5	5～46	$D_{62.8}$ 0.06
金黄色葡萄球菌	0.83	4.0～10	7～50	$D_{65.5}$ 0.2～2.0
副溶血弧菌	0.936	4.8～11	5～44	D_{50} 0.9～1.1
小肠结肠炎耶尔森菌	0.945	4.2～10	−1.3～45	D_{60} 0.4～0.51

[a] 用公式℉=(9/5)℃+32,将摄氏温度变成华氏温度。例如:0℃=32℉;4.4℃=40℉;60℃=140℉。

资料来源:ICMSF(1996a),Corlet(1998), Mortimore & Wallace(1994)。如果各个参考资料的数据不同,则可采用更广的生长范围数据。

2.5.2 辐照

食品辐照技术已在近 37 个国家的 40 种食品中采用。有 24 个国家将食品辐照应用于商业领域。CAC 已通过了辐照食品使用标准。这项标准是基于食品辐照专家联合委员会(JECFI)的结论,任何食品辐照总量不超过 10 kGy 即可认为没有危害,可以不必进行进一步的检测。可接受的辐射量的杀菌效果(10 kGy)与巴氏杀菌等效,均不能将食品中细菌完全杀灭,也不能使食源性病毒(如诺沃克病毒和甲肝病毒)失活。在低剂量下(接近 0.5 kGy),辐照可以杀灭肉类中的寄生虫幼虫(如旋毛虫和牛肉绦虫),或者灭活鱼类中支睾吸虫和肝吸虫的后囊蚴。稍高一点的允许剂量(3～10 kGy)可以杀死肉类、禽类和海产品中诸如沙门氏菌、弯曲杆菌和弧菌等无芽孢细菌。辐照杀菌还可以用于降低干制蔬菜和香料中微生物数量,从而防止添加过这些原料的食品被污染。对于生食或熟制食品来说,辐照是一种防止食品中病原菌的良好手段。在美国,猪肉弓形虫感染占到一半甚至3/4。在一些特定的热带国家,原生动物和蠕虫是主要感染物,而辐照恰好能够消除这些危害。类似的,辐照能够减少禽类的沙门氏菌病或弯曲杆菌引起的肠胃炎,以及通过虾和海产品传播的副溶血弧菌、沙门氏菌和志贺氏菌的危害。

辐照技术还可以作为化学添加剂的替代品(化学添加剂往往对人体有一定的危害),从而减少腐败微生物,延迟食物发芽、成熟和抑制谷物中的害虫。辐照还是因环境污染问题被禁用的熏蒸剂如溴化乙烯、环氧乙烷的良好替代品。

2.5.3 高压技术

高压技术是食品储藏的新方法(Knorr,1993;Hendrickx *et al.*,1998),其主要作用可以将食源性微生物降低8 log。高压可以对微生物生长和变异产生破坏作用,在20～130 MPa的高压下,多数微生物的生长被抑制,而在130～800 MPa的高压下,会导致微生物死亡;最高存活压力因微生物种类和介质的不同而各异,通常细胞的受损部位是细胞质膜和核糖体。

高压技术还可用于灭活细菌芽孢。在较低压力条件(100～250 MPa)下促使芽孢萌发,然后再在高压(500～600 MPa)下被灭活。压力循环保鲜法已被用于控制梭状芽孢杆菌。由于梭状芽孢杆菌的芽孢比普通杆菌更耐压力,而在中度压力(270 MPa)和25℃下其数量只能减少1.3 log。然而在35℃和一些抗菌物质(如小球菌素和乳链菌肽)存在的条件下可以减少5 log。

由于这种方法对食品的化学成分几乎没有影响,所以能够很好地保持食品原有风味。今后,这项技术可以为特殊食品安全的保障提供新方法。有时,用来去除污染的食品加工技术可以是非常简单的,如木薯在破碎的过程中可以去除毒素。

2.5.4 微生物危害的温度控制

几千年来,热处理技术被认为是食品加工中减少微生物污染和杀灭微生物最有效的手段。许多食品加工过程都采用诸如煮沸、蒸煮或焙烤等作为加热的步骤。加热使食品发生理化性质的改变,增强食品可消化性,并且改善食品质地、口感、气味和外观。然而人们常常忽视对食品适当的加热处理。这也是加热处理不当时常造成某些食物中毒事件暴发的主要原因。

食源性病原菌通常仅能在被称为“危险区”(表2.4)的特定温度范围内生长。在这个区域外,微生物生长受到抑制甚至停止生长。对大多数致病菌而言,危险区在8～60℃之间。将食品放置在高于60℃(热藏)或低于8℃(冷藏)的条件下,可以抑制或减缓多数病原菌的生长或抑制毒素的产生。冷冻主要用于防止病原菌或腐败菌生长,保持食品品质。同时还能杀死一些寄生虫,比如肉类中旋毛虫、绦虫和鱼类中异尖线虫和支睾吸虫。在一些喜欢生食或食用未经彻底蒸煮鱼、肉的国家,例如中国、日本和斯堪的纳维亚,冷冻是防止食源性蠕虫病最重要的技术。

D 值(decimal reduction time)和 *Z* 值

为了设计有效的时间-温度联合处理方法,理解热处理对微生物的影响十分重要。热对微生物体的破坏(营养细胞和芽孢的致死动力学)可以用对数表示。换句话说,对任何一种生活在特殊培养基和特定温度的生物体,要杀死其中 90% 的生物(减少一个数量级)需要的时间,也就是减少一个对数单位的时间,即 *D* 值。一部分生物体的 *D* 值列于表 2.4 中。虽然大多数情况下会使用热致死速率,但 *D* 值也经常用于表示由其他致死因素导致的死亡率,例如酸处理和辐照。

热致死速率是随生物体而异,包括形成芽孢的能力和环境。游离的营养细胞(或悬浮细胞)比被固定细胞(生物膜或玻璃片)对清洁剂更敏感。一种生物体对某一给定温度的热敏感性根据所在的介质不同而改变。例如,存在酸或亚硝酸盐会增加致死速率,而脂肪的增加会减少致死速率。*D* 值也跟接种量和培养条件有关。经过对大肠杆菌 O157:H7 的研究,已证实了这些作用,并列于图 2.4 中(Stringer *et al.*, 2000)。因此,书中或杂志中引用的 *D* 值不能作为固定常数直接应用于加工过程中。

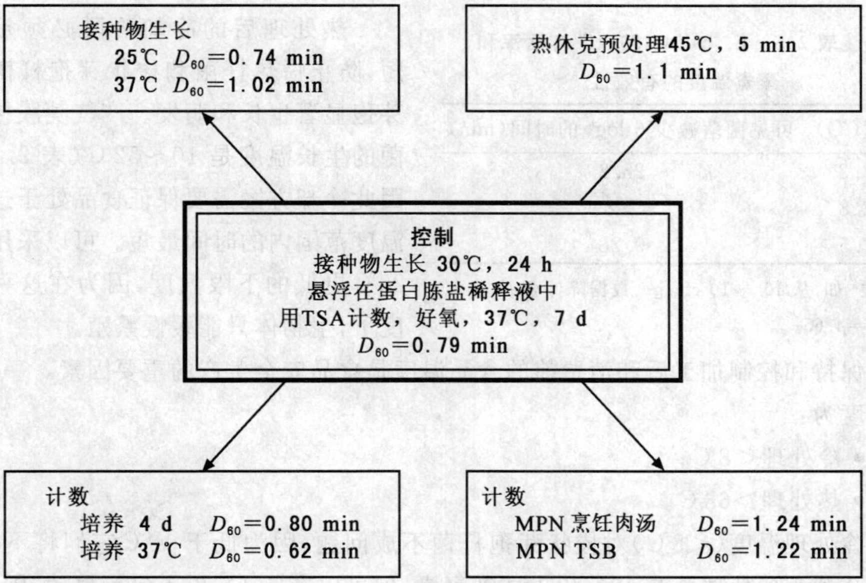

图 2.4　大肠杆菌 O157:H7 的 D_{60} 值(Stringer *et al.*,2000)

对生长于同一基质中的微生物作 *D* 值点阵图,加热温度应和 *D* 值呈直线关系(图 2.5)。对聚集成群的细胞并不总呈直线关系。直线斜率(华氏或者摄氏温度)用于测定导致 *D* 值增加或减少 10 倍的温度变化量。这个系数称为 *Z* 值。因此,

如果生物体 Z 值为 5℃，D 值为 55℃加热 10 min，那么如果升高处理温度到 60℃，则 D 值为 1 min，也就是说生物体死亡速度增加了 10 倍。

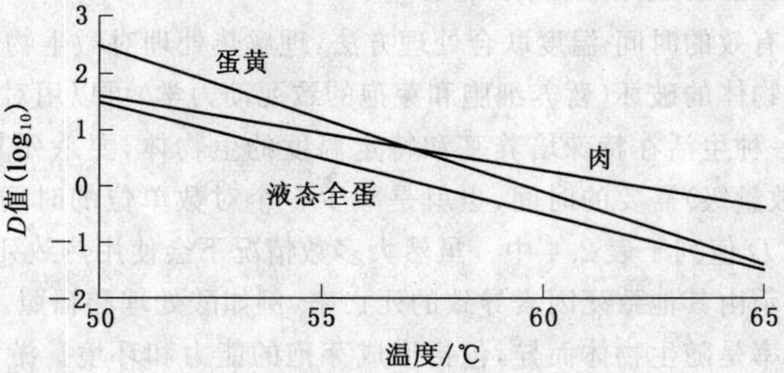

图 2.5　鸡蛋和肉制品中肠炎沙门氏菌的 D 值(FSIS,1998;Fazil *et al*.,2000a)

在 HACCP 执行中，蒸煮过程是一个明显的 CCP，可以设定温度和时间为临界限值，并加以检测和校正(表 2.5)。加工过程的温度和时间应该满足至少将营养细胞减少 6 log，例如 10^7 个细胞/g 减小到 10 个细胞/g。这种处理方法不能杀灭芽孢，因此需要监测将食品冷却到安全温度的时间，防止芽孢萌发。

表 2.5　*E. coli* O157:H7 存活率和蒸煮温度的有效性

温度(℃)	可见菌落减少 6 log[a] 的时间(min)
58.2	28.2
62.8	2.8
67.5	0.28

注[a] 如，从 10^7～10 cfu/g。数据降低至 $D_{62.8}=0.4$，$Z=4.65$。

热处理后的冷却阶段必须足够短，防止嗜热杆菌和梭状芽孢杆菌的芽孢显著生长和萌发。产气荚膜梭杆菌的生长温度是 10～52℃(表 2.4)。因此冷却方案需要保证食品处于这段温度范围内的时间最短。可以采用比 20℃更低的下限温度，因为在这一温度下，生物体只能缓慢繁殖。

保持和控制加工后和消费前的食品温度是食品安全生产的重要因素。一般推荐温度为：

- 冷处理＜8℃；
- 热处理＞63℃。

冷处理温度(＜8℃)对梭状芽孢杆菌不成问题，因为低于 10℃它们将不能生长。金黄色葡萄球菌在 10℃以上才产毒素，但可以在 6.1℃以下进行繁殖，因此温度的滥用会刺激金黄色葡萄球菌的生长和毒素分泌，金黄色葡萄球菌毒素在加热到 72℃时不会失去活力，因为它的毒素不会在之后的加工或蒸煮过程中失活，所以必须阻止金黄色葡萄球菌分泌毒素。冷藏食品应储存于 3.3℃以下，可以确保肉毒梭菌 E 型的芽孢不会萌发并不产毒素。相反，肉毒梭菌 A 型和 B 型仅在高于 10℃时生长和分泌毒素。单核细胞增生李斯特菌和小肠结肠炎耶尔森菌分别在

−0.4℃ 及−1.3℃有缓慢生长。因此要保证食品不被反复加热冷藏。需要指出的是,不同国家的监管机构会制定不同的冷藏温度。因此风险评估需要在全世界范围内展开。

2.6 微生物对环境压力的反应

微生物可以在一定范围内适应环境压力(例如酸和低温)。适应机制包括控制基因联合表达的信号传输系统和细胞防御机制(Huisman & kolter,1994; Rees *et al.*,1995; Kleerebezem *et al.*,1997)。微生物细胞可以适应很多抑制微生物生长的工艺,例如,冷休克、热休克、弱酸、高渗透压和高静压力。最简单的适应机制是在芽孢杆菌和梭状芽孢杆菌中发现的。这些生物体在环境压力下形成芽孢,当条件转好时可以重新萌发。其他微生物如大肠杆菌,会在生理上产生极大变化,使细胞抵抗环境压力(比如饥饿、近紫外线辐射、过氧化氢、热处理和高盐浓度)。已有证据表明,大肠杆菌 O157:H7 的 D_{60} 的变化取决于接种和培养条件。

2.6.1 对 pH 值的反应

常用食品保存方法是酸度调节(例如乳制品保存)。但是,某些微生物可以忍受和适应弱酸环境,这可以使它们通过人类酸性的胃部而存活下来。另外,抗酸性可以诱导耐热特性,如大肠杆菌 O157:H7(图 2.4,Buchanan & Edelson,1999)。对数生长期细胞耐酸反应的一个重要方面是诱导产生对各种压力(热、渗透压、膜活性成分)的多重抗性。耐酸细胞的产生与曾经暴露于 pH 值梯度的环境有关,因此,由高 pH 值快速降低到低 pH 值时可产生酸休克细胞。区分这两类情况发生的条件很重要,因为耐酸而非酸休克的大肠杆菌 O157:H7 细胞在酸化大豆蛋白胨肉汤中有强耐热力,耐热温度为 52℃和 54℃;在苹果酒和橙汁(两者都是低 pH 值)中的耐热温度为 52℃。酸诱导的一般耐受性可以降低由多种压力因子组合的栅栏技术的抑菌效率。耐酸性可以由酸性以外的因素诱导(Baik *et al.*,1996; Kwon & Ricke,1998)。作为食品防腐剂的短链脂肪酸可以诱导鼠伤寒沙门氏菌产生耐酸性,这种情况同样也会在肠道内发生。因此,鼠伤寒沙门氏菌毒性增强的原因可能是因为暴露于短链脂肪酸(例如丙酸、厌氧和低 pH 值)造成的耐酸性增强。

2.6.2 热休克和冷休克反应

如前所述,热处理是一般食品保存方法,然而微生物可以通过很多方法适应温热处理。

- 通过组分中饱和脂肪酸和长链脂肪酸的增多,使细胞膜成分变化,维持最理想的膜流动性和内蛋白活性;

- 积累渗透调节物质可增强蛋白质稳定性,并保护酶不会因热而失活;
- 芽孢杆菌和梭状芽孢杆菌可产芽孢;
- 产生热休克蛋白(HSPs)。

当细菌细胞暴露于高温时,一系列 HSPs 被快速合成。HSPs 包括伴侣蛋白和蛋白酶,它们联合作用维持细胞蛋白的"质量控制"。多种应激状态可引发 HSPs(例如热、酸、氧化应激和巨噬细胞的存在),同时也意味着 HSPs 对感染过程中细菌存活起到一定作用。另外,HSPs 可能会增强食品病原菌在高温下的存活率。考虑到食品储藏和应用栅栏技术,应特别重视微生物在初始阶段对升温的适应性和耐热性的产生。

冷冻、冷藏技术的使用日益广泛,新鲜的或不含防腐剂的初加工食品日益受到消费者的欢迎,对微生物低温耐受性的研究显得尤为重要。低温适应机制如下:

- 膜组分的改变,维持膜的流动性以保持营养吸收;
- 蛋白质和核酸结构的完整性;
- 分泌冷休克蛋白(CSPs);
- 亲和性的溶质。

为了维持细胞膜在低温状态下的流动性和细胞功能,微生物在其脂类组分中会增加短链或不饱和脂肪酸的比例。冷休克蛋白是小分子蛋白(7 ku),是在细菌遭遇突然降温条件下合成的。CSPs 包括蛋白合成和 mRNA 的折叠。冷冻前不同的冷休克处理会导致冷冻后细菌存活的差异。这种特性会导致冷冻食品中细菌的大量存活。因此,耐低温细菌与食品质量和安全息息相关。

2.6.3 对渗透压变化的反应

较低的水分活度(a_w)也是保藏食品的常用方法之一。微生物应对膨胀压减小的反应是细胞质内"相容性溶质"的积累,这些物质不会影响细胞功能(Booth *et al.*,1994)。这些化合物一般是具有某些共同特征的有机小分子:

- 高溶解度;
- 在细胞质中可高浓度累积;
- 中性或者两性分子;
- 在质膜中有特殊的转运机制;
- 不影响酶活性;
- 保护酶免受盐变性或冷冻和干燥的破坏。

大肠杆菌 O157:H7、鼠伤寒沙门氏菌、枯草芽孢杆菌、金黄色葡萄球菌和单核细胞增生李斯特菌主要通过特殊转运机制累积甜菜碱(N,N,N-trimethylglycine,三甲铵乙内酯)从而获得对渗透压的适应。其他的"相容性溶质"有肉碱、甘油、蔗糖、脯氨酸、甘露醇、葡萄糖醇、渗透压补偿溶质和短肽。

2.6.4 对高静压力的反应

采用高静压处理是一种新的食品储藏方法(见 2.5.3)。大肠杆菌暴露于高压下导致 HSPs、CSPs 和特种蛋白的合成。

2.7 预测模型

预测食品微生物学是结合微生物学、数学和统计学等学科,通过建立模型来描述和预测微生物在特定环境条件下的生长和消亡的规律的科学(Whiting,1995)。显然,如果食品在分销和储存过程中温度产生波动,那么微生物的生长速率也会随之变化。动力学模型用来模拟微生物生长的范围和速率,概率模型用来预测给定事件发生的可能性,比如孢子的形成(表 2.6;Ross & McMeekin,1994)。

表 2.6 微生物生长和产毒的预测模型实例

生物体	注释	参考资料
蜡状芽孢杆菌		Zwietering *et al*. (1996)
热死环丝菌		McClure *et al*. (1993)
肉毒梭杆菌 A 型和 B 型	生长和产毒	Robinson *et al*. (1982); Roberts & Gibson (1986); Lund *et al*. (1990)
肉毒梭杆菌	产毒	Hauschild *et al*. (1982); Lindroth & Genigeorgis (1986); Baker & Genigeogis(1990); Meng & Genigeorgis(1993)
大肠杆菌 O157:H7		Sutherland *et al*. (1995)
金黄色葡萄球菌		Broughall *et al*. (1983); Sutherland *et al*. (1994)
鼠伤寒沙门氏菌		Broughall & Brown (1984); Thayer *et al*. (1987); Oscar(1998,b,1999a-c)
沙门氏菌(混合菌群)		Gibson *et al*. (1988)
小肠结肠炎耶尔森氏菌		Sutherland & Bayliss(1994)

预测微生物学起源于罐头工业中,采用 D 值描述微生物死亡率。然而,这种求解复杂数学问题的能力需要电脑技术的革新,后者极大推动了预测模型的发展。用于预测微生物存活和生长的模型有可能成为食品生产中用于评价、控制、记录和保证食品安全的一套完整、有力的工具(Baker,1995)。预测微生物学可以开发定量评估食品生产风险专家系统,而无需进行大量的实验室工作(Schellekens *et al*.,1994; Wijtzes *et al*.,1998)。

预测微生物学的主要目的在于用数学方法描述微生物体在特定生长条件下在食品中的生长情况。影响微生物生长的主要因素有:

- pH 值;
- 水分活度;
- 空气;

• 温度；
• 有机酸的存在(例如乳酸)。

首先，采用一定范围内可代表商业生产中所存在目标微生物的细菌菌种，收集预测模型的原始数据。理想状态下，这应该包括那些引起疾病暴发事件、生长最快和最经常出现的菌株。虽然在生物反应器(发酵罐)中可以获得大量有关微生物生长的知识，但并不能直接应用于食品工业。在食物中，环境因素更容易变化和波动，而且经常需要处理多菌种混合生长的情况。McMeekin 等(1993)和 McDonald 和 Sun(1999)给出了关于预测微生物学详细的研究情况。

微生物生长预测模型通常被认为有 3 个水平(Whiting，1995；McDonald & Sun，1999)：

(1)一级模型，描述微生物数量随时间的变化情况；

(2)二级模型，用于表示初级模型参数随环境条件改变而变化；

(3)三级模型，前述两种模型相结合，引入用户友好界面的软件或者计算在不同环境下微生物行为的专门系统。

2.7.1 一级模型以及 Gompertz 和 Baranyi 方程

一级模型可以用每毫升菌落形成单位或吸光率来计算微生物数量。微生物的计量可能会因为培养基成分的不同而改变(如代谢终产物、电导率或者毒素产生)。早期的一级模型通过描绘生长曲线和指数生长期(exponential phase)来确定生长速率，后来发展的模型还包含延滞期(lag phase)。

Gompertz 模型

Gompertz 方程是应用最广泛的初级模型(Pruitt & Kamau，1993)。可以表示为：

$$\mathrm{Log}(N_t)=A+C\exp(-\exp(\exp(-B(t-M))))$$

其中 N_t 是时间 t(h)的细菌密度(cfu/mL)，A 是起始细菌密度的对数[log(cfu/mL)]，C 是起始细菌密度和最大细菌密度差值的对数[log(cfu/mL)]，M 是达到最大生长速率的时间(h)，B 是时刻 M 的相对最大生长速率的对数[log(cfu/mL)]。Gompertz 方程可以绘制出一个 s 形曲线，包括对应微生物生长的 4 个阶段：延滞期、快速生长期、减速生长期和平稳期。

Baranyi 模型

Baranyi 及其合作者建立了一个基于延滞期、对数期、平稳期生长模型的方程，比生长速率为：

$$N_t=N_{\max}-\ln[1+\exp(N_{\max}-N_0)-1\exp(-\mu_{\max}A(t))]$$

式中：N_t 是时间 t(h)的细菌菌量的对数，N_0 是初始菌量的对数，$N_{\max}$ 是最大细菌菌量的对数，$\mu_{\max}$ 是最大比生长速率，$A(t)$ 是在时间 t 的调整函数的积分。Baranyi

模型在预测延滞期和指数生长期上,对实验数据的吻合度优于 Gompertz 函数。

Baranyi 方程经修改已经作为 MicroFit 软件的基础。MicroFit 是一款由 MAFF(英国)和其他 4 位合作者共同开发的免费软件(下载请查阅网络目录)。微生物学数据可以通过 Baranyi 生长模型进行分析(Baranyi & Roberts,1994)。使用这一程序可以很容易地分析微生物生长数据:

- 可以计算 μ_{max},倍增时间,延滞时间,初始细胞数量和细胞终浓度;
- 估计上述参数的置信区间;
- 可同时分析两组数据并通过图表进行比较;
- 可对两组数据之间的差异进行统计检验。

但 Baranyi 生长模型没有描述衰减期的功能。

2.7.2 二级模型

常用的二级模型可以描述环境因素对微生物生长的影响(如温度、pH 值、a_w 等变化的反应)。模型有 3 种类型:二次响应面方程、平方根模型(Belehardek)和 Arrhenius 方程。Broughall 等(1983)应用 Arrhenius 方程描述金黄色葡萄球菌和鼠伤寒沙门氏菌的延滞期和隔代时间。平方根模型应用于大肠杆菌、梭状芽孢杆菌、结肠炎耶尔森氏菌和单核细胞增生李斯特菌的生长描述(Gill & Phillips, 1985;Adams *et al.*,1994;Wimptheimar *et al.*,1990;Heitzer *et al.*,1991)。为实现模型的拟合,需要收集大量的数据。细菌生长可以通过很多方法进行估计,比如浊度法和平板计数法。数据自动采集技术具有明显优势,它可以减少体力劳动并使数据数字化。生物筛选(实验系统)可以在任意时间段自动记录大量样品的浊度。Borch 和 Wallentin(1993)应用电导微生物学模拟猪肉中小肠结肠炎耶尔森氏菌的生长率变化,得到的数据与 Gompertz 函数十分接近。

2.7.3 三级模型

三级模型是结合一级和二级模型建立起来的,用于计算微生物对环境改变的反应及不同条件对比的模型。病原菌模型程序(Pathogen Modeling Program)和食品微模型程序(Food Micromodel Program)是两个简单的三级模型。病原菌模型程序是由美国农业部食品安全小组开发的基于电子数据表的软件系统(下载请查阅网络目录)。软件包括温度、pH 值、水分活度、亚硝酸盐浓度和空气成分对主要食品病原微生物生长和延滞反应影响的模拟(图 2.6)。食品微模型由英国 Campden 食品饮料研究协会开发,包含与病原菌模型程序(Pathogen Modeling Program,Jones,1993)相似的环境参数。该软件包括可以预测病原菌生长、存活和死亡规律的方程。

预测模型可应用于 HACCP 和微生物风险评估(Van Gerwen & Zwietering, 1998),还可用于评估风险概率和确定食品微生物危害(详见第 4 章)。应用预测模型可以确定加工工艺参数的阈值和种类，建立 CCPs 临界限值。微生物预测模型是风险评估决策制定过程的辅助工具，也可以描述在可接受的安全水平下进行加工的工艺参数(Elliott,1996)。风险评估与预测模型相结合，使得评价工艺改良对食品安全性的影响成为可能。图 2.7 显示了在不当温度下，保温时间对弗氏志贺氏菌感染率影响的预测(见 3.3.5)。病原菌模型程序被用来预测弗氏志贺氏菌在给定条件下(pH 值、盐度、温度)的生长率以及感染的可能性(Buchanan & Whiting,1998)。

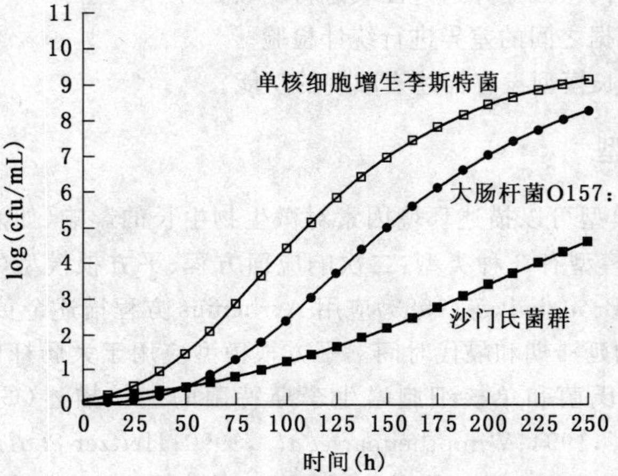

图 2.6　在 10℃ pH 6.5 和 0.9%的氯化钠时大肠杆菌 O157:H7，单增李斯特菌和沙门氏菌群生长的致病菌模型模拟曲线

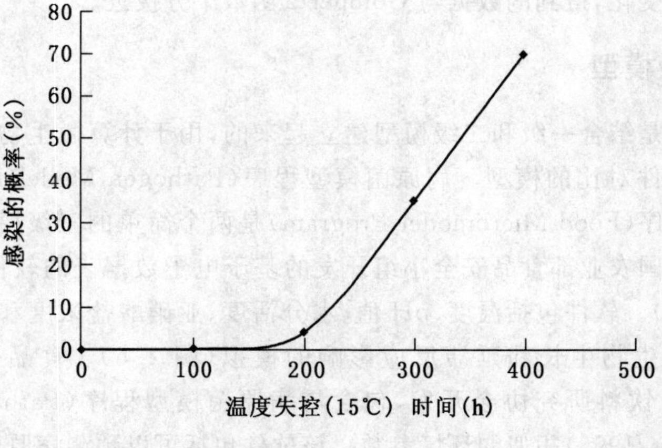

图 2.7　使用病原菌模型程序预测在 pH 6.5,NaCl 0.5%时不当温度下保温时间对弗氏志贺氏菌感染率的影响(Buchanan & Whiting,1998)

2.8 微生物学标准

ICMSF 出版的《*Microorganisms in Foods. Vol 2 Sampling for Microbiological Analysis: Principles and Specific Applications*》一书,首次出版于 1974 年,1986 年再版。这本书讲述了食品国际贸易中科学抽样方法。抽样设计最初是为了在进口检测中应用而进行的,例如,缺乏食品的历史数据时(欧洲委员会 1999)。这一前沿工作奠定了食品微生物评价工作中的取样原则,同样,根据食品微生物学知识采用不同的抽样方法。因此 ICMSF 出版一系列书籍来帮助解释有关微生物的数据,如 *Microbiological Ecology of Food Commodoties*(ICMSF,1998a),*Characteristics of Microbial Pathogens*(ICMSF,1996a)。*Sampling for Microbiological Analysis*(ICMSF,1986)第二版中提到了可被世界各地广泛接受并成功应用的抽样方法,国际上不仅认可这种方法,而且在各个国家和地方的工业企业和标准制定机构中都能得到应用。另外,Harrigan 和 Park(1991)写了一部关于抽样计划的实用数学这样一本优秀专著,可供读者参考。

制定微生物准则的目的是通过供应安全、可靠和卫生的食品保护公众健康,同时符合公平交易的要求(见 1.8.1)。制定微生物准则应当符合食品安全目标(见 3.5)。然而,现行的食品标准有可能将带有缺陷的食品判为合格,并不能保证消费者健康。微生物准则可以应用于食物链的任意部分,也可以在进口或销售时进行应用。食品微生物分析是应用抽样方法来决定是接受还是拒绝某一批食品。这就要应用概率统计学,一些食品可能被错误地接受或是拒绝,就是所谓的生产者风险(producer's risk)和消费者风险(consumer's risk),所以,统计分析说明微生物检测并不是危害分析系统唯一的验证工具(参考 HACCP 原则 6,见 2.3.8)。

2.8.1 计数抽样法

要对一个样品检测所有可能的食源性病原菌是不切实际的,同样也不可能检测所有成分或者所有终产品,因此,需要采用合适的抽样方法检测一批材料,从统计学角度对整批食品做出接受或者拒绝的决定。计数抽样法适用于哪些食品中微生物体分布不甚明了或者微生物分布不服从标准对数分布的样品。当上述因素已知时可以采用"变量抽样法"(variable plan)(Forsythe,2000)。

两级和三级方法是 ICMSF(1986)定义的计数抽样法的两种不同类型。两级方法多数用于病原菌,而三级方法经常用于指示微生物。采用抽样方法的主要优势是基于统计学基础的可接受方法,并且对已经制定的标准给出了可接受的统一标准。ICMSF(1986)的出版物已经不再版了,然而,两级和三级抽样方法表和相关操作特征曲线可以在 Forsythe(2000)中找到。一个两级抽样方法和其应用于蛋制品行业的例子在表 2.7 和表 2.8 中给出。

表 2.7　接受食品合格的概率(P_a%);两级抽样方法,$c=1\sim3$

样品数(n)	c 值	接受概率(P_a%) 实际次品率						
		2	5	10	20	30	40	50
5	1	100	98	92	74	53	34	19
	2	100	100	99	94	84	68	50
	3	100	100	100	99	97	91	81
10	1	98	91	74	38	15	5	1
	2	100	99	93	68	38	17	5
	3	100	100	99	88	65	38	17
15	1	96	83	55	17	4	1	<0.5
	2	100	96	82	40	13	3	<0.5
	4	100	100	99	84	52	22	6
20	1	94	74	39	7	1	<0.5	<0.5
	4	100	100	96	63	24	5	1
	9	100	100	100	95	76	41	

表 2.8　蛋制品抽样方法

目标微生物	案例	抽样方法分级	n	c	限值(g^{-1}) m	M
需氧平板计数	2	3	5	2	5×10^4	10^6
大肠菌群	5	3	5	2	10	10^3
沙门氏菌	10	2	5	0	0	—
(总菌落数)	11	2	10	0	0	—
	12	2	20	0	0	—
	10	2	15	0	0	—
沙门氏菌	11	2	30	0	0	—
(高危险菌落数)	12	2	30	0	0	—
	12	2	60	0	0	—

两级抽样方法包括采样规模 n,c 和 m,其中 n 是一批食品中必须检测的样品单位数,c 指该批产品中样品检测到菌落数超过限量 m 值(如果超过该数值,则食品被拒绝接受)的样本数,m 是每克样品可含有的最大细菌量(数值比 m 大或者有条件地接受或拒绝)。

在三级方法中 M 是另外一个参数,其数值代表条件接受和不接受之间的差异。在任何样品中,微生物浓度等于或者超过 M 都不可接受。因此三级抽样方法中,根据微生物数量可以将食品分成 3 种:

- 如果细菌计数低于 m,为接受;
- 如果细菌计数高于 m 但低于 M,为条件接受;

• 如果细菌计数高于 M,为拒绝。

例如,一个对大肠菌群的抽样方法为 $n=5, c=2, m=10, M=100$。这意味着从一批食品中随机抽取 5 个样品。在这 5 个样品中大肠菌群数介于 10～100 的只有 2 个样品。如果任意样品的大肠杆菌数高于 100,则这批食品都被拒绝。因此三级抽样方法包括一个食品微生物随机分布的限度值。

2.8.2 操作特征曲线(operating characteristic curve)

在应用抽样方法后仍有可能接受一批品质差的食品或拒绝一批品质好的食品。这可用特征曲线表示,曲线是以下内容的综合图:

• Y 轴表示接受的概率(P_a),P_a 是对一批质量相同的食品做出接受和拒绝时的期望;

• X 轴是组成一批样品的百分次品率,就是所谓的食品质量度量。

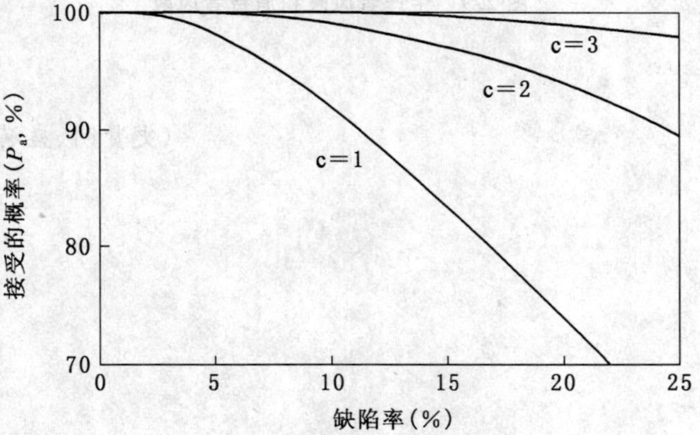

图 2.8 $n=5$ 和 $c=1\sim3$ 的操作特征曲线

图 2.8 给出了抽样方法 $n=5, c=1\sim3$ 的操作特征曲线。这个曲线表明在 30%次品率下有很高的几率接受样品。如果生产者采用 $n=5, c=2$ 的两级抽样方法,设置限值为 10%的次品率(例如 $P=10\%$),则接受样品的概率 P_a 为 99%。也就是说当次品率为 10%时,每 100 次检测有 99 次通过。如果在样品中有低于 2 个样品检测含有微生物,那么这份样品就是可接受的。因此,$n=5, c=2$ 的两级采样方法意味着 10%次品率下样品在大多数情况下合格(99%)!即使将抽样数增加到 10($n=10, c=2$),样品接受率在次品率 10%的条件下为 93%。因此,没有一种抽样方法可以保证没有病原菌出现,除非对每克食品都进行检测而不被消费。所以为确保食品安全必须预先执行 HACCP 计划(见 2.3)。

操作特征曲线表明"坏"食品有一定概率被接受,相反,"好"食品也会被拒绝。也就是所谓的"消费者风险"和"生产者风险"。消费者风险是在采样方法中接受了实际含有微生物的不合格食品，然而该样品从微生物学角度分析是符合接受概率(P_a)标准的。生产者风险可以表示为"$1-P_a$"(图 2.9)。

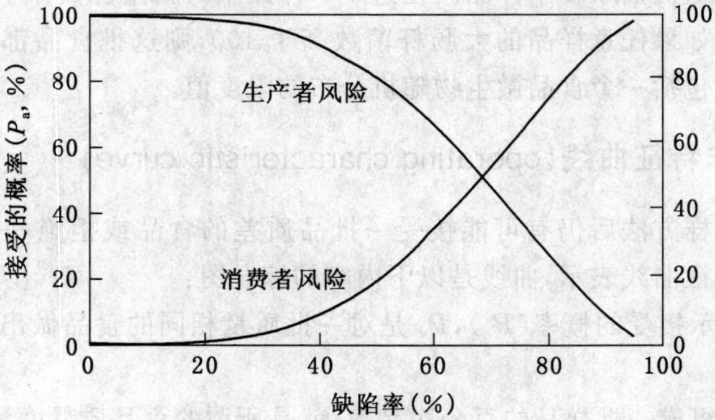

图 2.9　生产者风险和消费者风险

（史贤明、盛漪、范一灵　译）

3 风险分析

3.1 引言

定义：风险是指食品中的危害因子导致的对健康的有害作用及其严重程度的概率函数。

风险分析是食品安全的“第三次浪潮”(Schlundt 风险评估的建议，WHO 在线训练课程，网络资源目录)，这三次浪潮是：

(1)良好卫生操作规范，在生产和准备阶段降低微生物危害分布和浓度的一种方法；

(2)HACCP 及类似于 HACCP 的措施，即预先识别并控制危害；

(3)风险分析，集中于人类摄入微生物危害的后果和整个食物链中的危害发生情况(从农田到餐桌)。

正如第一章所述，食品加工技术、食物配送的改变以及新的食源性病原菌的出现都会改变食源性疾病的流行。食品国际贸易的增加已经加重了感染源的跨国界交叉传播，因此急需要运用国际风险评估方法来评价微生物病原菌对人类健康的风险。食品贸易的全球化和自由化有许多益处，提供了许多机会，同时产生了新的风险。食品生产、加工及贸易的全球化导致了传染源可以由加工包装的起源地传播到上千英里以外的地方。所以，要求有新的战略出台来评估和管理食品安全风险。风险分析的模式就是从潜在食物中毒的角度对食品加工、配送及消费中的食品危害变化进行评估。作为一个管理工具，首先为政府部门定义合理的保护水平并建立保证安全食品的供应指南提供服务。同时，也可作为食品企业利用它来评估加工中的变化对微生物风险影响的工具(风险缓解策略)。

食品安全必须通过食品及其生产过程的合理设计来完成。这涉及到通过内在和外在的参数(表 2.3)以及操作、储存、制备和使用等条件来综合控制。目前风险控制保证的方法是 HACCP(见 2.3)，而微生物风险评估是一步一步对特定食品危害进行分析，对问题产品产生的有害作用发生的概率进行估计(Notermans & Mead，1996)。有时会采用微生物风险的定量评估方法(Haas *et al.*，1999)，它是采用收集和分析科学信息对有害事件可能性和严重性进行估计的方法学(Cassin *et al.*，1998b)。

尽管许多食源性微生物是病原菌(表 1.1)，但并不是摄入每种病原菌都会导致感染和相应的疾病，微生物感染和人类易感染程度都存在差距。所以，食源性疾病的风险是一个综合描述，即病原菌通过摄入暴露的可能性和暴露导致感染疾病的可能性，以及其后发生疾病程度直至死亡的可能性。但是整个过程是不断发生变化的。这种风险可以定量到以人口为基数的感染率上，即每10万人口每年或每餐可能感染、生病或死亡人数。同时，这种风险有利于确定从农场到餐桌全过程中哪个环节造成了食源性疾病的增加，也有助于建立有效的措施减少食源性病原菌的风险，上述就是“风险缓解策略”。当数据不充足时，也可进行定性(描述性)风险评估。定性风险评估在决定是否有必要开展费时、费资源的定量风险评估之前就可以进行。

所以，风险评估有两个目的：

(1)将风险量化到一个消费特定产品的特定人群。如果有充分的数据，决定基于特定消费时间和消费量(膳食量和频率)时的污染频率和水平的风险，并根据适当的剂量反应关系，将此转化为公众健康考虑的暴露量。

(2)确定可以降低健康风险水平的策略和措施。这通常要求对食品生产、加工和储藏过程的模型化，并改变从农田到餐桌食品链。然后，确定食品生产中对食品安全是至关重要的步骤，对其进行的控制和干预措施将大大地降低食源性疾病的发生。因此，实施 HACCP 对 CCP 确认是一种非常有潜力的工具。

如前所述，风险分析由三部分组成：

(1)风险评估：确认风险及其影响因子；

(2)风险管理：表达如何控制和预防风险；

(3)风险交流：将风险通知其他利益相关方。

尽管这三个部分相互独立的，但在他们之间存在必要的信息交换(图 1.3)。风险分析的实施应该与 FAO/WHO 建立的国际上认可的原则相一致。这些原则是食品卫生法典委员会制定风险管理文件的基础，这些风险管理文件目前还是草案(CCFH,2000)。

风险分析从收集和简单描述问题微生物当前知识框架入手。这包括微生物产生的环境、特定的家畜和食品以及对人类的影响。风险框架成为下一步风险分析的基础，也就是用科学文献来科学评估微生物的风险。在这期间，可能需要启动对它们未知领域的研究。有关微生物发生和风险的数据会通过模型进一步分析，以阐明食品污染对人类疾病及其严重性的影响。以上述为基础就可以得到一个评估，即微生物对人类健康威胁的严重程度。同时，风险评估将提供采取最有效的措施预防食品中病原微生物存在的信息。

风险分析将提供定义病原微生物的可接受水平(极限值)或产品中微生物的可接受流行程度的信息，并据此实施预防计划、HACCP 计划和卫生条例等。

安全概念需要在食品产品的开发过程中建立，通过 HACCP 的实施就是一个例子。其后必须贯彻到良好生产规范、良好卫生规范和全面质量管理中(图 2.1)。因此，在将来，微生物风险评估会提供更好的 HACCP 开发计划的信息，特别是为设立 CCPs 和食品企业食品安全的活动(图 3.1)。然而,完成一个正规的风险分析要花好几年的时间。为了协助食品企业,WTO 允许应用国际认可的准则。这些准则必须基于作为风险管理者的 CAC 和国家政府已经采用的风险分析程序。当食品安全目标(见 3.6)确立后,食品企业就需要将此转换到他们的产品和加工标准中(图 3.1)。由于资源有限,食品企业将采取较政府风险管理者更为简单的方法,并主要集中在认定的病原菌在食品原料和最终产品(见 3.3.3,暴露评估)中的浓度和分布,通过预测微生物学来确定加工、制作和储藏过程中的微生物的浓度和分布的可能变化。最终,可以确定控制降低相关风险(风险缓解)的影响因子(例如起初的微生物存在量)。参见图 2.7 的弗氏志贺(氏)菌的例子。

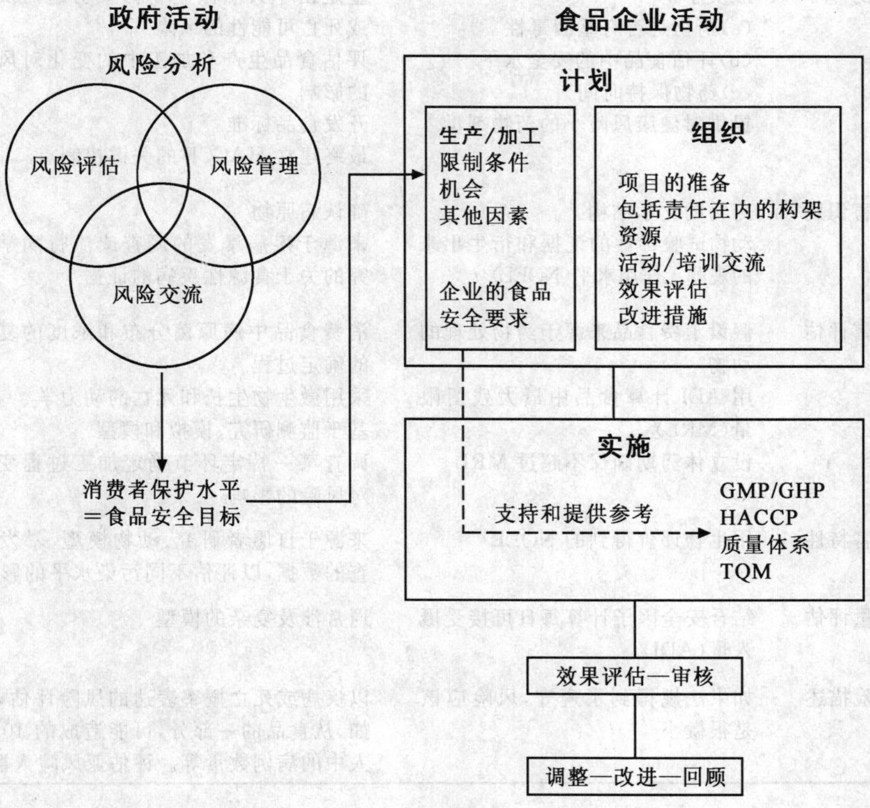

图 3.1 政府和企业的食品安全的相互关系(ILSI,1998a)

3.2 微生物风险评估综述

美国国家科学院(National Academy of Science)首先开发了风险分析程序(美国国家科学院,USA,1983;NRC ,1993,1994,1998),并已经被国际食品法典委员会(*Codex Alimentarius*)采用。自从 1995 年,WHO 和 FAO 联合开发了食源性危害风险分析的模式化框架(见 1.8)。微生物标准国家咨询委员会出版了食源性危害导致疾病的风险评估的一般原则(NACMCF,1998a)。食品中微生物风险的评估在 CAC(1999)的第 32 次会议上确定。图 1.4 是不同组织的术语运用的比较。

与化学性风险的风险评估相比,生物性风险的风险评估是一个新的科学领域。微生物风险评估在以下方面有别于化学风险评估(ILSI,2000),见表 3.1。

表 3.1 微生物风险评估和化学风险评估的比较

组成部分	化学风险评估	微生物风险评估
目的	取决于: (a)药物是否有基因毒性 (b)评估食品中的安全水平 (c)药物保持时间 提供对健康风险小的药物剂量	鉴定由于天然微生物污染引起的疾病或死亡可能性的风险 评估食品生产和加工中的变化对风险的影响 开发食品标准 最终建立 HACCP 的关键控制点
危害识别	药物的化学结构 动物试验毒性的证据和衍生出来的观测无作用水平(NOEL)	确认病原物 来源于疾病暴发的调查或流行病学研究的关于食源性疾病的证据
暴露评估	假设消费食品来源于药物处理的动物 用 ADI 计算食品中最大残留限量(MRL) 设立休药期确保不超过 MRL	消费食品中病原菌分布和浓度的复杂的确定过程 采用微生物生长和死亡的动力学 基于监测研究、模拟和模型 调查某一特定环节确定加工过程变化对风险的影响
危害特性	用生物评价得到的 NOEL	来源于自愿者研究、动物模型、暴发调查的数据,以评估不同污染水平的影响
剂量评估	结合安全因子计算每日可接受摄入量(ADI)	通常涉及复杂的模型
风险描述	如果法规得到了遵守,风险应该是很微小	以疾病或死亡概率表达的风险评估,例如,从食品的一部分,可能造成的 10 万人中的病例数量等。评估亚风险人群

(1)微生物在食品中或者繁殖或者死亡,而可食性动物产品宰后的化学物质浓度改变却很小;

(2)微生物风险起初是单一暴露造成的,而化学性风险通常是累积效应的结果;

(3)出于有目的的动物管理,兽药被准许使用,并且可以合理到人体的最小残留暴露量。相反,微生物污染是自然产生的,暴露量较难操纵;

(4)微生物很少能够均匀分布在食物中;

(5)微生物除了直接从食物摄入外,还可通过二次传播途径(如从人到人)进行分配;

(6)受暴露的人群可以表现短期或长期的免疫力,这会随着微生物风险程度而变化。

在国际方面,乌拉圭协议(尤其是 SPS 协议)建立的卫生措施原则应该基于与条件相适宜的风险评估基础上得以实施(见 1.7.1)。迄今为止,就微生物食品安全而言,主要集中在风险评估框架的开发(CAC,1998;CCFH,1998;ILSI,2000)和方法学的改进上。越来越多的研究结果已经出版,或在 FAO/WHO 支持下的食品中微生物风险的风险评估不断取得进展。在 CAC 方面,FAO 和 WHO 联合建立的微生物风险评估(JEMRA)的联合专家会议,是一个专家咨询过程,也收集和评价了国际范围内食品中重要病原菌的风险评估数据。这个过程包括:

(1)相关科学知识描述的准备工作;

(2)和所有感兴趣的团队共享知识;

(3)和风险管理者互动,将科学工作集中在易于预防的领域;

(4)对所呈数据进行详细的科学审查;

(5)准备报告,对风险进行评价和对特定的管理问题予以回答。

CCFH 负责国际贸易中的食品风险管理。所以,JEMRA 关于风险评估的报告为 CAC 委员会对风险管理的建议提供了科学基础。

WHO 和 FAO 已经联合着手开展主要的微生物风险评估。作为国际食品贸易风险管理者的 CAC 的一系列咨询,已经确认了一系列最重要的食源性致病微生物。其中,有 3 种食源性病原菌群被选定作为首先开展风险评估工作:

(1)鸡蛋壳及蛋产物中的肠炎沙门氏杆菌(S. Enteritidis)(FSIS,1998);

(2)禽类的沙门氏菌(Ebel *et al.*,2000;Kelly *et al.*,2000;Fazil *et al.*,2000a);

(3)即食食品中的单核细胞增生李斯特菌(Buchanan & Lindqvist,2000;Ross *et al.*,2000)。

上述评估工作都已经完成,评估的具体细节将在 4.2~4.4 部分(表 1.10 和表 3.2)介绍。也可以从网上(因特网目录)直接下载(pdf 格式)。大量其他相关的出版物已经发行,而且许多都可以从 WHO 网址上以 pdf 格式下载,也包括 JEMRA。在 2001 年,JEMRA 将启动两个新的病原菌群的评估:禽类中的大肠弯曲杆菌或/和空肠弯曲杆菌,海产品中的弧菌属。并建议 JEMRA 每年召开两次会议来进一步评估病原菌群。WHO 表明每年将进行 2~4 个病原菌群的风险评估。因为有大量的食物中毒产生是由于污染水灌溉水果和蔬菜而引起的,WHO/FAO(2000a)在 2000 年发表的危害特性的初步报告同时考虑了食源和水源病原菌。迄今为止,由于缺乏可利用的数据,定量风险评估的报告主要是对于细菌而不是病毒、产毒真菌和原生寄生虫。

表 3.2 FAO/WHO微生物风险评估联合专家咨询会议(JEMRA)

专家组的第一次会议在2000年7月17日到21日举行,讨论了初步报告: (1)即食食品中单增李斯特菌的危害识别和危害特性(Buchanan & Lindqvist,2000) (2)肉用仔鸡和鸡蛋中沙门氏菌的危害识别和危害特性(Fazil *et al.*,2000a)。注意这项报告在写的过程中已经撤回 (3)鸡蛋中沙门氏肠杆菌的暴露评估(Ebel *et al.*,2000) (4)肉用仔鸡中沙门氏菌的暴露评估(Kelly *et al.*,2000) (5)WHO/FAO关于食品和水中病原菌危害特性的指南(JEMRA 2000) 最终的报告将在2001年10月发表。参见互联网指南(FAO/WHO)网址中对这个主题的更新

尽管公认,正式在食品微生物领域使用风险分析方法还处于雏形,但在不久的将来,微生物风险评估将在决定消费者保护水平中具有重要作用。这种消费者保护水平,政府认为是必要和可能的。

3.2.1 风险评估

风险评估的目的就是对既定人群感染病原菌而发生疾病的一种估计。为了达到这个目的,其过程必须科学地基于以下步骤:

(1)目的陈述;

(2)危害识别;

(3)暴露评估:食用的危害物的量;

(4)危害特性:危害的作用以及可能的剂量评估;

(5)风险描述:患病的可能性和严重性;

(6)正式报告的生成。

图3.2是步骤的流程图。

风险评估是一个利用多学科方法探索的过程,如微生物学、流行病学和统计学。"定量风险评估"和"定量微生物风险评估"类似的术语有时会用到,它主要是强调风险和其相关不确定因素的数量表述;更多的细节见3.3。

3.2.2 风险管理

风险管理是不同于风险评估的又一个过程。它是一个在考虑风险评估和其他健康相关因素、公平贸易因素等情况下,与利益相关方磋商比较政策改变的过程。而且,如果需要的话,选择合适的预防和控制措施。在风险控制中目前主要用的是HACCP(见2.3)。更多的细节见3.4。

3.2.3 风险交流

风险交流就是风险评估者、风险管理者、消费者、工业界、学术团体和其他利益相关方之间,通过风险分析相互交换信息和意见的过程,包括危害和风险、风险相关因素和风险认知、风险评估结果的解释和风险管理决定的基础等。更多的细节见 3.5。

3.3 风险评估

风险评估就是为了评定特定人群感染病原菌引起的疾病的风险，并了解其影响因子。以上述为目的，具体过程（由 *Codex Alimentarius* 定义）见图 3.2。这些步骤的定义基于法典文件(CAC，1999)；表 3.3 共给出了 11 项原则。

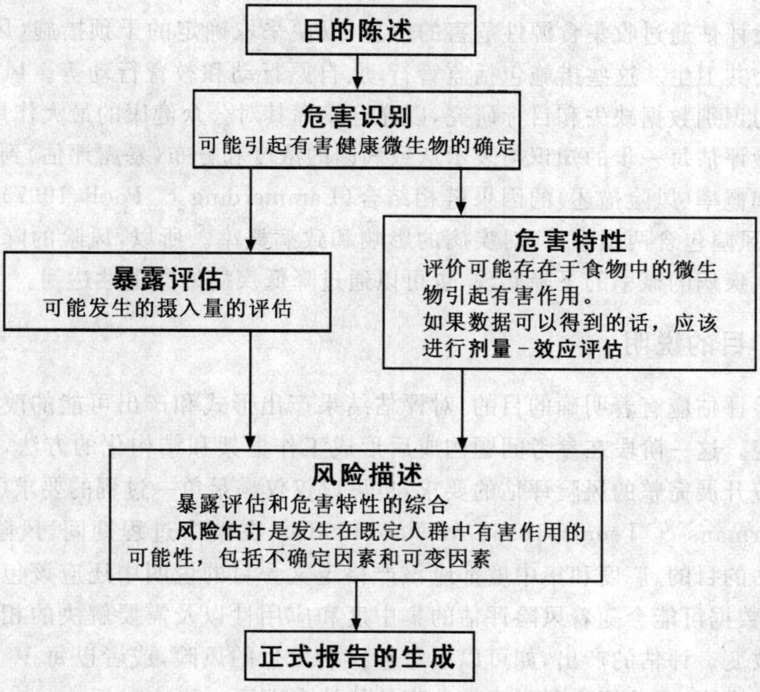

图 3.2 风险评估流程图(Notermans *et al*.，1996)

表 3.3 欧盟关于微生物风险评估的原则(CAC，1999)

原　则
(1)微生物风险评估应该建立在科学的基础之上
(2)风险评估和风险管理之间应职能分离
(3)微生物风险评估应按照结构化方法进行，即危害识别、暴露评估、危害特性和风险描述
(4)微生物风险的风险评估应清晰阐明其目的，包括将要产出的风险估计的型式
(5)进行微生物风险评估应是透明的
(6)任何像资金、资源或时间等影响风险评估的限制条件应该是明确，并描述可能的后果

续表 3.3

原则
(7)风险估计应当包括不确定性的描述和风险评估过程中将在哪个环节产生不确定性
(8)在风险估计中不确定的数据应该确定:数据和数据收集系统应尽可能地保持高质量和高准确性,并将不确定性最小化
(9)微生物风险评估应该清楚地考虑到食品中微生物的生长、生存和死亡动力学,以及人体和消费后的效应以及潜在传播性之间关系的复杂性
(10)只要可能,一段时间之后应通过比较独立的人体疾病数据,对估计风险进行重新估计
(11)当获得新的相关信息,微生物风险评估可能需要再评价

风险评估通过收集食源性危害的信息,以便采取确定的干预措施(风险缓解)来改善公共卫生。这些措施包括监管行动、自愿行动和教育行动等。风险评估也可以作为识别数据缺失和目标研究,以充分发挥其对公众健康的最大作用。

风险评估每一步的知识与表示从致病菌的浓度和分布(暴露评估)到健康作用的大小和概率(风险描述)的因果链相结合(Lammerding & Paoli,1997)。在风险评估中,风险包含两层意思,对疾病的影响和致病概率。所以,风险的降低既可以通过发生疾病的概率的下降实现,也可以通过降低疾病的严重性达到。

3.3.1 目的说明

风险评估应有着明确的目的,对评估结果产出形式和产出可能的改变要有严格的规定。这一阶段在参考问题构成后形成工作框架和结构化的方法,这种方法既可适应开展完整的风险评估的要求,也可以仅仅满足单一过程的要求(如危害特性;Notermans & Teunis,1996; McNab,1998)。在整个过程期间,风险的原因、风险评估的目的、广度和集中度都应该严格定义。目的说明中还应该包括数据需求,因为数据可能会随着风险评估的集中度和应用性以及需要解决的相关不确定问题而改变。评估的产出,如可以以每年疾病发生的风险,或者以每10万人口每年疾病发生率,或使用人群疾病发生率的估计来进行。

3.3.2 危害识别

定义:危害识别是对可能存在于特定的一种或一类食品中能引起有害健康影响的包括生物、化学和物理等(微生物和毒素)因素的识别。

危害识别是对可能存在于特定的一种或一类食品中能引起有害健康影响的包括生物、化学和物理等(微生物和毒素)因素的识别。这通常需要对食品与人类疾病的致病菌之间流行病学数据进行评价。危害识别是一种用来识别风险管理者最为关心的病原菌群的筛选过程(Lammerding & Fazil,2000)。潜在的有害微生物和毒素信息的获得渠道很多,如政府监测报告和知名度高的组织的研究报告等(例如 ICMSF 出版物)。这些信息可能包括微生物的生长和死亡条件(pH 值,a_w,

D值；见 2.5）。危害识别在微生物的风险评估中比在化学风险评估中更容易进行，因为微生物风险可以通过短期（天）培养就能得到很好的认识，而化学风险在暴露之后还需要较长的时间（年）才能显现（表 3.1）。与食源性疾病相关的微生物见表 1.1 和表 1.2。

危害识别的关键是公众健康数据的有效性和风险初步来源、发生频率以及数量的初步评估。尽管某些食物的食源性病原菌已经有了较好的研究，但是监测数据和流行病学研究可以揭示高风险性产品和加工工艺。然后，收集的信息应用到暴露评估中，即食物加工、储藏和配送（从生产到消费）过程对食源性病原菌数量的影响评估。

3.3.3 暴露评估

定义：暴露评估就是通过食物和相关其他渠道导致的生物、化学和物理因素暴露的定性和定量评价。

暴露评估决定了消费的可行性和消费者暴露的食物病原菌的可能数量。评估应该参考在特定消费时间内特定食品的消费量或每天消费水的数量。总之，暴露评估就是描述一条途径，通过这条途径，一种有害微生物进入食物链进而被分配，并在食品生产、配送和消费阶段消长。这就包括了实际暴露和预期暴露。对于食源性病原微生物来说，暴露评估是以特定风险引起的食品污染和消费模式以及习惯为基础。食源性病原菌的暴露是食品消费量和消费频率与污染水平和频率的函数。

从初级生产到消费阶段使人类暴露于目标微生物的食品生产过程也叫“从农田到餐桌”全过程（也称过程风险模型，见 4.5.1）。在暴露评估中将各阶段分成图 3.3 所示的一系列模块是有利的。图表强调定量风险评估需要两类数据：特定病原菌（危害）的流行和浓度。根据风险评估的范围，暴露评估起始于原料中病原菌流行或者后续步骤中，如加工过程中的病原菌数量。如果监测数据缺乏或者不充分，就可以用预测微生物学来模拟加工过程中病原菌的流行和浓度（见 2.7）。然而，如果可能的话，这些预测结果应该通过可能得到的监测数据进行校正。

暴露评估的流程图见图 3.4，要与图 3.5 的危害特性相联系来看。

暴露评估是微生物风险评估中最复杂和最不确定的一个阶段。所以，模型化和模拟研究是必要的（见 2.7）。导致微生物数量增加的各因素是估计的重点。这些因素包括：

- 食品的微生物生态；
- 微生物生长需求（内在和外在参数；表 2.3）；
- 原料最初的污染量；
- 动物性食品病原菌感染的流行状况；
- 生产、加工、蒸煮、处理、储藏、配送和最终消费者的制备等对微生物的影响

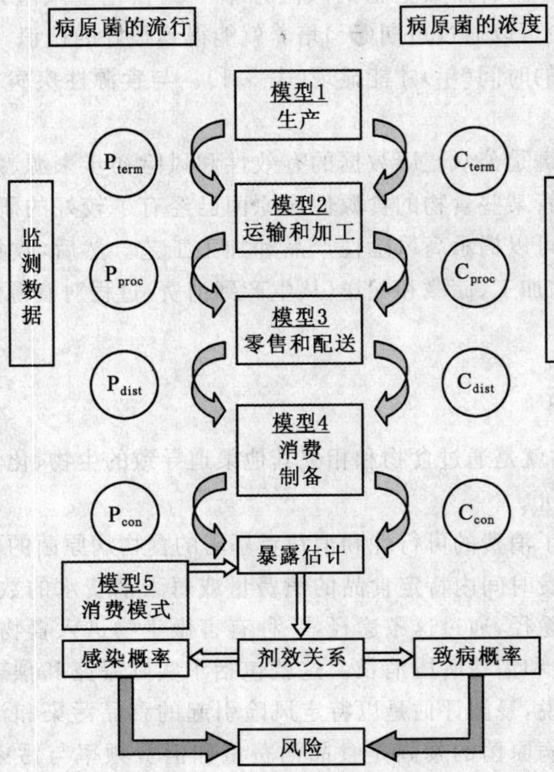

图 3.3 农田-餐桌模型的暴露评估框架

(如各步骤关注的病原菌的水平)；

- 加工过程的变化和加工控制水平；
- 卫生水平、屠宰操作、动物之间的传播率；
- 污染和再污染的潜在性(如与其他食品的交叉污染和热加工的再度污染)；
- 食品包装、配送和储藏方法和条件(如储藏温度、环境相对湿度、空气的气体组成),在包括滥用等各种条件下(如 pH 值、湿度、水分活度、营养浓度、抗菌物质的存在、竞争菌群等),食品中影响病原菌(和/或产生毒素)潜在生长力的食品特征。

因为微生物毒素和病毒并不在食品中繁殖,所以它们的风险评估比细菌更为简单,而细菌会从农田到餐桌各个阶段增殖、死亡或者适应生存。

和食品介质相关的因子是通过宿主胃环境影响病原菌生长的主要因素。它们包括：

- 食品介质的组成和结构,如高缓冲食品；
- 液滴中细菌的包埋；
- 加工条件(如在温和酸条件下的预暴露会增加细菌的耐酸性)；

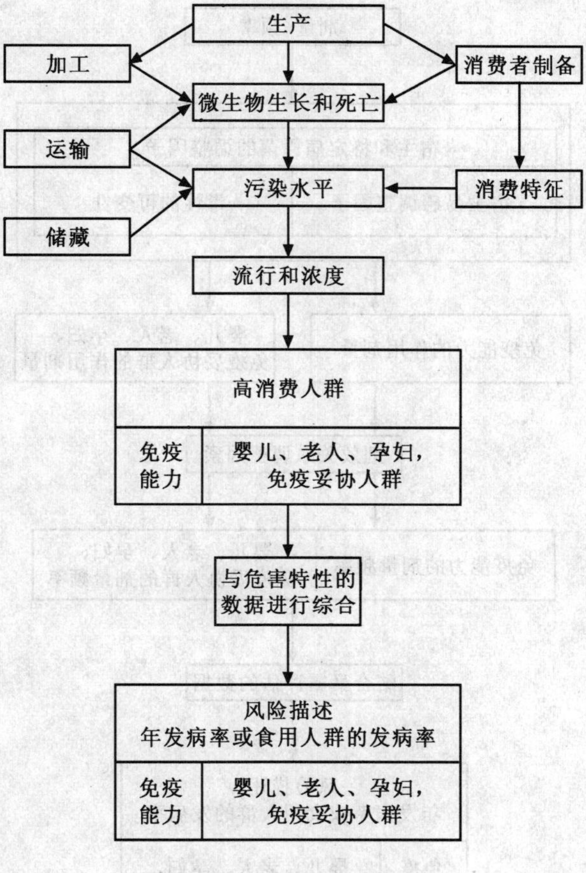

图 3.4 暴露评估和风险描述

• 消化条件(如胃排空过程中液体的快速转移)。

食品中微生物生存和生长的数据可以通过食品中毒暴发、储藏检测、食品加工过程中的历史记录、微生物消长试验和预测微生物学获得(见 2.7)。检测反映了在消费时存在于食品中的可能微生物(毒素数量)的信息。

消费模式和习惯的信息包括以下几个方面：

• 社会经济、文化背景和种族；

• 消费者偏爱和行为，因为这些影响了消费者的选择和进食量(如常常食用高风险食品)；

• 平均的消费量和配送量；

• 对一年中的食品消费数量，要考虑季节和地区的不同；

• 食品制作实践(如烹调习惯和/或蒸煮时间、温度、储藏条件和时间以及可能的滥用情况等)；

• 暴露人群的规模和人口统计学方面的情况(如年龄结构、易感人群)。

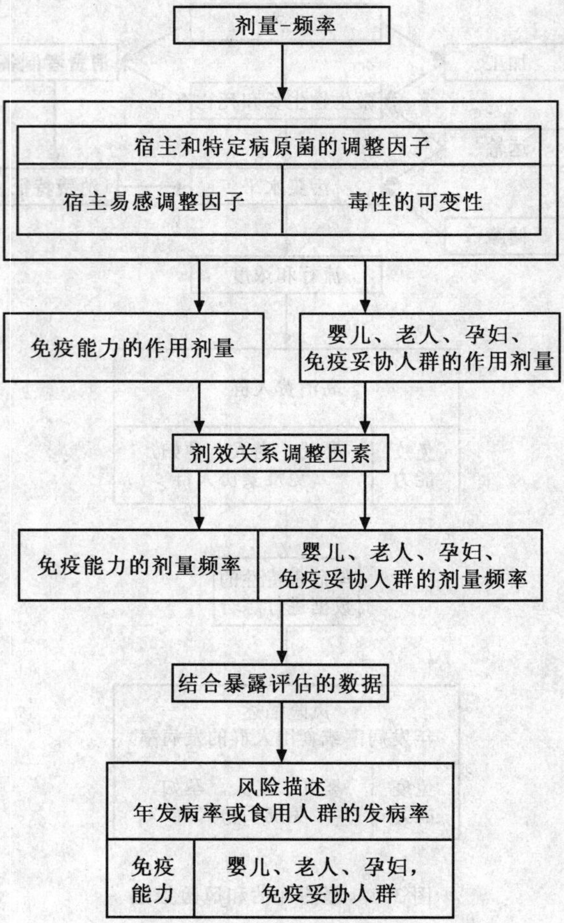

图 3.5 危害特性和风险描述

Bettcher 等(2000)和 Ruthven(2000)出版了世界各地区的食品消费调查报告。消费值变化很大，例如，鸡肉消费从 11.50(远东膳食)～44.0 g(欧洲人膳食)不等。

3.3.4 危害特性

定义：危害特性就是定性和定量评价食品中可能存在的生物、化学、物理危害导致的有害作用的属性。如果有数据利用，可以进行剂量效应评估。

危害特性提供了摄入危害因子之后的有害作用的属性、严重性和有害作用的周期性评估，如特定地点消费一定数量的微生物，那么疾病的发生概率有多大？如果可以得到充分的数据，就可以确定对应的剂量关系(见下面)。和暴露评估一样，危害特性也是非常复杂的。要考虑与微生物相关的重要因素：食品和宿主。危害特性的流程图见图 3.5；这个过程要与 3.4 中的暴露评估的活动有机结合起来。危害特性的最初的导则文件是由 WHO/FAO 发表的(2000a)；参见 URL 的互联网指南。

危害特性既可以是一个单独存在的过程，也可以是风险评估的组成部分。危害特性必须透明(假设和变化的都要清楚地记载)，这样，风险管理者可以将信息和适当的暴露评估结合起来，这两者的结合可以跨越不同的国家。水暴露的危害特性可以通过改进而适用于食品介质的食品暴露中。一般来讲，同一种病原菌的风险评估之间的风险特性还是相当匹配的。这与暴露评估形成对照，因为暴露评估在某个国家或地区内对于生产、加工、消费模式具有高度的专一性。

病原菌的摄入并不一定意味着受到感染，或者会发生疾病和死亡。如图 3.6 所示，在感染和疾病发生中还有大量的屏障。这些屏障是宿主和食品介质因子相妥协的结果。病原菌摄入的反应(感染、疾病和死亡)会随着病原菌、食品和宿主因子的不同而变化；这就是熟知的"传染性疾病三角形"(图 3.7)。

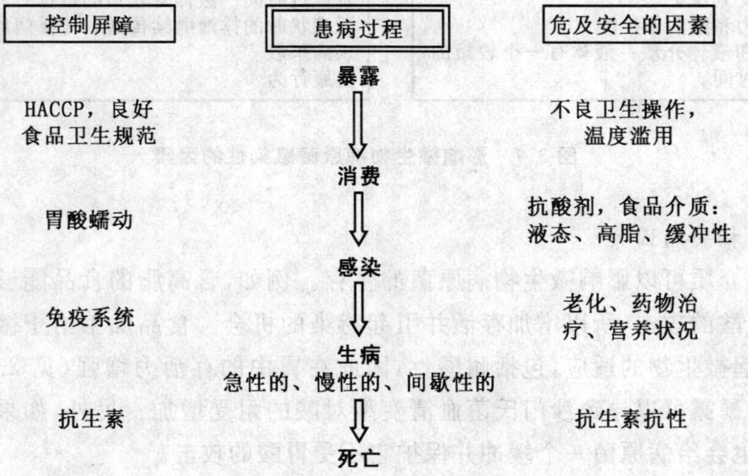

图 3.6 传染性疾病的障碍

病原体因子

在决定食源性微生物危害特征方面，必须考虑病原菌的生物学特性。感染被认为是病原体成功突破宿主体内多重屏障而导致的(图 3.6)。这些屏障并没有清除病原菌和降低病原菌活力方面的作用。每种病原菌个体都有一些特定概率或相对的频次来突破屏障，而这是成功突破屏障的先决条件。

微生物病原菌的感染能力取决于许多因素，这些因素既有病原菌内在的(表型和遗传特征)，也有宿主的特异性。温度、干燥、酸度等胁迫响应会影响病原菌的毒性(见 2.6)。图 3.7 列出了危害特性中应该考虑到的各种病原菌因素。

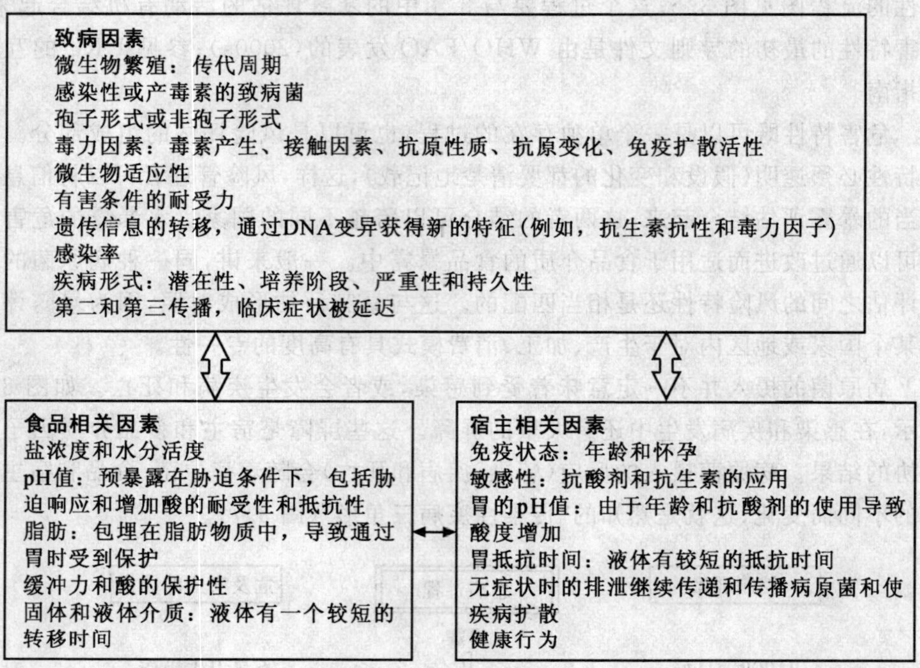

图 3.7　影响微生物病原菌感染性的因素

食品相关的因素

食品介质可以影响微生物病原菌的生存。例如，含高脂的食品能够保护微生物免受胃酸的攻击，所以增加存活并引起感染的机会。食品加工给予微生物热刺激，会引起微生物的适应，包括耐酸性，因此在胃中的存活力增强(见 2.5)。短链脂肪酸的暴露可以导致沙门氏菌血清变型对酸的耐受增加。另外，如果食品是高蛋白的，也会给病原菌一个缓冲并保护它不受胃酸的攻击。

宿主相关的因素

如图 3.7 所示，各种宿主相关因素会对发病产生影响。广泛认可的因素是年龄和免疫状况。据估计，20％的人群免疫受损，在图 3.6 单独列出(Gerba *et al*.，1996)。食源性病原菌先前的暴露并不十分重要，因为许多病原菌还没有侵入宿主体内；然而，对于病原寄生虫卡晏环孢子球虫却是至关重要的。4.2.2 阐述了人类饮食沙门氏菌血清变型的整个过程。

危害特性必须考虑到病原菌摄入的生物反应的变化。变化从症状出现到生病(急性的、慢性的、间歇性的)再到死亡(图 3.6)。风险的严重性可以通过疾病发生的时间、感染人群的数量、致死率等表示，还可以确定“风险人群”。对于引起慢性后遗症的病原菌(例如格林-巴利综合征，见 1.2 章节)，对生活质量的影响包括在危害特性之内。

图3.6和图3.7显示了影响微生物感染敏感性和疾病严重性的宿主相关的各种因素。危害特性的一个重要方面就是提供谁处于风险中和敏感人群感染的严重性的信息。在1.6中,美国食源性疾病的花费为66～371亿美元。经济和社会花费如此巨大使得WHO已经将改进食品安全作为21世纪的重大目标之一(见1.1和1.8)。

3.3.5 剂量效应评估

剂量效应评估的目的是确定病原菌暴露强度(剂量)和有害健康的严重性和/或发生频率之间的关系。信息来源包括:

(1)人类自愿者研究;

(2)人群健康统计;

(3)暴发的数据;

(4)动物实验。

由于疾病反应的不同,因此对最终点要有清晰的描述。基本上说,有4种可能的反应剂量:

(1)摄入之后感染的概率;

(2)感染之后生病(发病率)的概率;

(3)生病之后导致慢性后遗症的概率;

(4)死亡的概率。

通常认为,食源性病原菌的影响是剂量依赖型而非累积效应(不像许多化学危害)。所以,必须确定消费频率,因为多次低剂量暴露并不一定和单次大剂量暴露产生同样的风险。

剂量效应关系复杂,在许多情况下也是不可能得到证明。例如,Medema等(1996)报道,尽管空肠弯曲杆菌感染率和剂量相关,发病率则不然。这与沙门氏菌刚好相反,高剂量的沙门氏菌会导致严重疾病的高发生率(Coleman & Marks,1998)。

目前,特定病原菌效应、宿主免疫受损对特定病原菌效应的影响、感染转变为疾病和疾病导致的不同后果等相关数据还比较缺乏。而且,如图3.7所示,还存在大量的可变因素,例如:

- 微生物的生理特性、毒性和致病性;
- 宿主敏感性的变化;
- 食品介质。

所以,剂量效应分析应明确使用了哪些信息,它的来源在哪里。另外,数据的变化(由于某些已知原因如食品消耗量和人群的敏感性)和不确定性(实验数据不充分或者缺乏病原菌/食品/宿主的研究)应该在风险评估中得到完全的描述,并且是完全透明的(Nauta,2000)。

一个重要的问题是,是否存在病原菌阈值或协作效应,而这正是有害效应的有效机制，或者说是否单个的微生物在特定条件下引起有害作用。从实验动物或体外实验推断，生物学机制的相关信息中有关对人类相关的评估是重要的。需要考虑的方面罗列在表 3.4 中。

表 3.4 量效关系的几个方面(WHO/FAO,2000a)

1 生物体类型和菌株
2 暴露途径
3 暴露水平(剂量)
4 有害影响(效应)
5 暴露人群的特征
6 暴露的持久性和多重性

最近人们推测存在病原菌的阈值，即必须摄入一定水平的病原菌才能引起感染或者生病(最小的感染剂量；表 3.5)。这一推测已经由另外一种说法所代替，即感染可能是由于单个、能繁育和传染性病原微生物的存活而导致(单击概念)。所

表 3.5 最小感染剂量(Forsythe,2000)

生物体	估计感染剂量
不可生孢子的细菌	
空肠弯曲杆菌	1 000
沙门氏菌	10^4～10^{10}
弗氏志贺氏菌	10^2～10^9
痢疾志贺氏菌	10～10^4
大肠杆菌	10^6～10^7
大肠杆菌 O157:H7	10～100
金黄色葡萄球菌	10^5～<10^6/g[a]，0.5～5 μg 毒素
霍乱弧菌	1 000
副溶血性弧菌	10^6～10^9
小肠结肠炎耶尔森菌	10^7
可生孢子的细菌	
蜡状芽孢杆菌	10^4～10^8
产气荚膜梭杆菌	10^3～10^5[a]
肉毒梭杆菌	10^6～10^7，0.5～5 ng 毒素
病毒	
甲肝病毒	<10 个粒子
诺沃克病毒	<10 个粒子
病原体	
小球隐孢子虫	10 个卵囊
结肠内阿米巴	1 个卵囊

[a] 可变数量，可以产生足够的毒素产生生理效应。

以，不管剂量多低，总是有感染和生病的非零效应。需要注意的是感染剂量的准确性还在争论中。例如，通常说空肠弯曲杆菌的感染剂量是500个细菌。然而，这个值可以追溯到 Robinson(1981)对他自己所作的调查。早餐后，他喝了一杯含有500个细菌的牛奶，导致了他生病。相反，Martin 等(1995)研究表明，当食用 10^2 个空肠弯曲杆菌，24%的概率会出现轻微症状，当食用 10^8 个空肠弯曲杆菌时，32%有轻微症状。蜡状芽孢杆菌的耐受水平是 10^4 个(见4.6)。

在原始临床和流行病学数据分析的同时，提倡用数学模型为开发剂量效应关系提供帮助，尤其对于推断低剂量是必需的。研究的一个活跃领域是为剂量效应评估开发更加适宜的数学模型。

3.3.6 剂量效应模型

食品通常受到比实验室实验更少量的微生物病原菌污染(人类饮食研究和动物模型)。所以，可以用数学模型从高剂量数据推断低剂量效应。已经提出的不同的剂量效应模型都是用来描述病原微生物的摄入数量和可能造成的结果二者的关系。主要的模型是指数模型和泊松分布模型(Holcomb *et al.*，1999)。

一种假设是每个微生物都有自身的最小感染剂量，如存在一个阈值，在这个值下没有任何可观测到的效应(取决于最终点)。人群中的最小剂量值假定有不同的分布。另一个假设是病原微生物个体细胞的作用是独立的，单个的微生物可以感染并触发个体效应，如单击、非阈值模型(Haas，1983)。指数模型假定单个细胞导致的感染概率是独立于摄入剂量的。相反，β-泊松分布模型假定感染与剂量有关。不同的微生物病原菌似乎适应不同的剂量效应模型。

原生寄生虫的数据可以很好地用指数模型来描述。

指数模型

$$P_i = 1 - \exp(-r \times N)$$

其中，P_i 是感染的概率，r 是宿主与微生物交互作用的概率，N 是微生物的摄入量。这个模型已经用于小球隐孢子虫和蓝氏贾第鞭毛虫(Teunis *et al.*，1996)，尽管 Holcomb 等(1999)稍作修改成为简单的指数模型和可变的指数模型(Rose *et al.*，1991)。

简单的指数模型

$$P_i = 1 - \exp(-r \times \log_{10} N)$$

可变的指数模型

$$P_i = \beta \times [1 - p \times \exp(-\varepsilon \times \{\log_{10} N - x\})]$$

式中：P_i 是感染的概率，r 是宿主与微生物交互作用的概率，N 是微生物的摄入量。β 是当 $\beta = 1$ 时感染概率的渐近值(Holcomb *et al.*，1999)，x 是当 $p = 1 - Pr^*$，特

定 p 值时的估计剂量，ε 是影响剂量轴曲线伸展的曲线速率值。

相反，细菌感染数据可以很好地用泊松分布来描述（Haas，1983；Teunis *et al.*，1997，1999），也可用 Weibull-gamma 模型来描述（Todd & Harwig，1996，Holclmb *et al.* 1999）。

泊松模型

$$P_i = [1-(1+N/\beta)]^{-\alpha}$$

式中：P_i 是感染的概率，N 是微生物的摄入量，α 和 β 是影响曲线形状对应的病原菌特异性参数（Vose，1998）。

在评估低水平细菌病原体时，泊松模型常用来描述剂量效应关系。假定是非阈值感染时，它转化为西格玛（sigmoidal）的剂量效应关系（图 3.8 和图 3.9 关于沙门氏菌和空肠弯曲杆菌的剂量效应关系）。在此，假设个体暴露细菌病原体的单个细胞时感染的风险性小而有限（单击概念）。

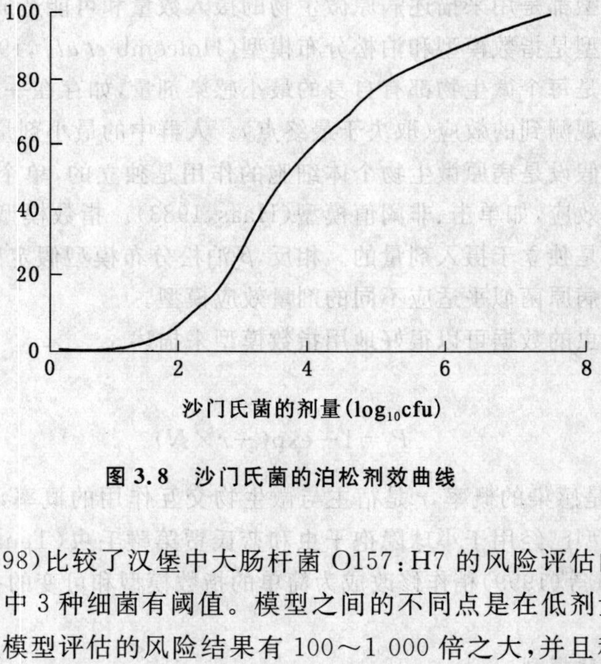

图 3.8 沙门氏菌的泊松剂效曲线

Marks 等（1998）比较了汉堡中大肠杆菌 O157：H7 的风险评估的两种泊松模型，其中一个模型中 3 种细菌有阈值。模型之间的不同点是在低剂量范围差距显著，最后用非阈值模型评估的风险结果有 100～1 000 倍之大，并且和烹饪温度有关。得出的结论是，两参数 β-泊松分布模型不足以描述复杂的剂量效应关系，尤其是对于烹饪食品。

Weibull-gamma 模型

$$P_i = 1-[1+(N)^b/\beta]^{-\alpha}$$

式中：P_i 是感染的概率，N 是微生物的摄入量，α,β,b 是影响曲线形状的病原菌的特异性参数。

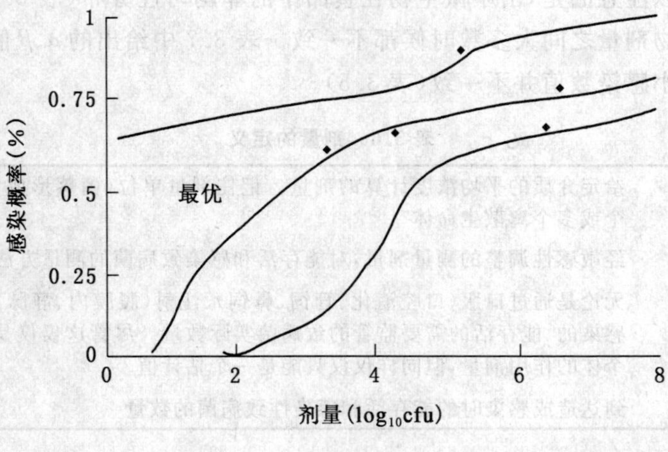

图 3.9 空肠弯曲杆菌的人体试验剂效曲线

(Black *et al*.,1988;Fazil *et al*.,2000b)

Weibull-gamma 模型假设任何单个细胞导致感染的概率是 gamma 函数分布。所以这种模型有很大的弹性,因为它的形状决定于被选参数,最近几年较为广泛地用于剂量效应分析中(Farber *et al*.,1996)。

β-二项模型

Cassin 等(1998a)发现了一种在汉堡中的大肠杆菌 O157:H7 的二项剂量效应模型,获得在特定剂量下疾病发生概率的变化,而原始模型则仅仅代表一个平均人类风险(见 4.5.1)。

$$P=1-(1-P_{\mathrm{i}}(1))^N$$

$P_{\mathrm{i}}(1)$是摄入一个微生物发生疾病的概率,这个概率假设符合 α、β 的参数的 β 分布。

将志贺(氏)杆菌痢疾属和弗氏志贺氏菌(Crockett *et al*.,1996)的人体试验的数据用该模型进行拟合作出剂量效应曲线,可以估计不同摄入剂量的平均发病率概率的不确定性。不同人体试验研究的变化用 α、β 值表示不确定性。

一个模型并不能应用于病原菌引起的所有生物作用的情况。例如,老鼠感染的单增李斯特菌的数据就不符合指数模型(分离脾和肝),但能很好地描述剂量和死亡频率之间的关系(FDA,1999;FAO/WHO 微生物风险评估行动,见因特网指南)。Gompertz 方程式能很好地拟合感染频率(Coleman & Marks,1998)。

Gompertz 模型

$$P_{\mathrm{i}}=1-\exp[-\exp(a+bf(n))]$$

式中:a 是模型参数(截距),b 是模型参数(斜率),$f(n)$是剂量的函数。

需要引以注意的是，由于微生物在食品中的非均匀性分布(表 3.6)，导致了单位计量和生物剂量之间大多数时候都不一致。表 3.7 中给出的 α、β 值的范围与通常给出的最小感染数值并不一致(表 3.5)。

表 3.6　剂量的定义

测量剂量	给定介质的平均浓度计算的剂量。记住剂量单位(菌落形成单位)包括一个或多个离散生命体
作用剂量	经敏感性调整的测量剂量，对能存活和感染致病菌的测量方法具有特异性
管理剂量	无论是通过口服(口腔消化、管饲、鼻饲)、注射(腹膜内、静脉)或其他方式感染的、能存活的需要监管的致病菌实际数量。尽管这仅仅是给出了一个个体的作用剂量，但同样仅仅只能是一个估计值
有效剂量	到达造成感染时的能存活和感染性致病菌的数量

其他模型

根据微生物病原菌的传染性或产毒性和微生物是否在经过肠道(产气荚膜梭杆菌)时产生毒素以及毒素是从食物中摄入(金黄色葡萄球菌)，需要选择不同的剂量效应模型。剂量效应模型因为有像蜡状芽孢杆菌可以引起两种疾病(呕吐和腹泻)的微生物而变得更为复杂(见 4.6)。有些微生物在摄入时保持菌群和丛生，所以由单个细胞引起的感染发生的可能性很小。像发现了大肠杆菌具有附着和抹杀肠道细胞的致毒机制，可能使肠壁更易受到进一步的感染和产生疾病。对比毒素(肠毒素和黄曲霉毒素)的生物效应，它不损害肠道细胞就直接被吸收。对于更深的了解剂量效应数学模型和数据拟合，读者可以参考 Haas 等(1999)文献。

表 3.7　食源性和水源性病原菌的剂效参数，α、β 是泊松参数，N_{50} 就是 ID_{50} [a]

微生物	模型	模型参数	参考书
非伤寒沙门氏菌	β-泊松分布模型	$\alpha=0.405\,9, \beta=5\,308$	Fazil *et al.*, (2000a)
大肠杆菌	β-泊松分布模型	$\alpha=0.170\,5, \beta=1.61\times10^6$	Rose *et al.*, (1995)
埃可病毒群 12	β-泊松分布模型	$\alpha=0.374, \beta=186.69$	Schiff *et al.*, (1984)
轮状病毒	β-泊松分布模型	$\alpha=0.26, \beta=0.42$	Ward *et al.*, (1986)
		$\alpha=0.265$	Gale(2001)
		$N_{50}=0.42$	Hauschild *et al.* (1982)
隐孢子虫属	指数模型	$r=0.004\,191$	Medema & Schijven(2001)
蓝氏贾第鞭毛虫	指数模型	$r=0.02$	Medema & Schijven(2001)

[a] ID_{50} 是引起 50%感染的剂量。

3.3.7 剂量和感染

总体上说，对于食源性微生物病原菌的剂量效应模型应该考虑到微生物的离散(颗粒)性，也应建立在初始剂量的一个或多个存活菌感染的概念上。然而，计量有着不同的定义，所以在任何研究中都应有明确的定义（表 3.6）。测定剂量需要根据测定方法的敏感性和特异性进行校正，因为这些方法对于能存活的和具有感染性的微生物是非特异性的。所以，作用剂量是指校正后的测定剂量，也就是标准化琼脂平皿会给出克单位的菌落形成数量。然而，一个菌落可能由一个或多个细菌细胞生成。所以，这种方法可能会低估感染性细菌细胞的数量。另外评估剂量的复杂性在于食品中微生物分布的非随机性。

作用剂量描述的是在接种物能存活的、感染性的平均数量。每个个体将会摄入含有离散但并不能预知的单位数量的一部分，这个摄入的剂量可以用随机事件的泊松分布来描述。

摄入剂量中的单个微生物假定几乎可以越过所有的屏障到达靶点集群。存活微生物的实际数量（有效剂量）和宿主体内繁殖的概率之间的关系是剂量效应模型衍生出来的关键概念。

感染通常被定义为：病原菌摄入后突破所有屏障（图 3.6）并在靶点快速长生的过程。感染可以通过不同的方法进行测定，例如粪便排泄和免疫应答。所以表观感染率不同于实际感染率，这取决于诊断检测方法的敏感性和特异性。靶点可以是特异性的（一种类型）或非特异性的（许多类型），可以是对寄生位置（非入侵的）或整个系统（入侵的）。每个事件发生的时间和次序是至关重要的，而且随着病原菌的不同而有所变化。

感染可能是无症状的（如宿主感染后没有发生任何不良作用和在有限的时间内清除了病原菌）。对于特定疾病产生后遗症和/或死亡的概率取决于病原菌的特性，但更重要的是取决于宿主的特性。这通常是作用于特殊人群的稀少事件。这取决于如年龄或免疫状态，但是越来越多的人认为基因的特性起了重要的决定性的作用

对于食源性病原菌的量效关系的信息获得，最有效的方法就是在控制条件下将病原体暴露于人体。已经有有限数量的志愿者人类食用实验，他们的实验大多和疫苗试验有关。从人类志愿者研究得到了一定数量的食源性和水源性病原菌的感染概率（P_i）（表 3.8）。例如，单个沙门氏菌细胞感染概率是 1/2 000，而霍乱弧菌感染概率是 $1/7\times10^6$。Medema 等（1996）用 Black 等（1998）的人体实验数据确定了感染空肠弯曲杆菌的 β-泊松分布模型的量效关系（图 3.9，表 3.9）。然而，症状的出现并不遵循量效趋势。大肠杆菌 O157：H7 的泊松模型（见 4.5.1）显示了非常大的变化，因为根本没有可比较的数据适用于大肠杆菌 O157：H7，由于致毒力的相似性，研究采用了痢疾志贺氏菌的 α 和 β 值。

表 3.8 食源性和水源性病原菌感染的概率(Bennett *et al*.,1987;Notermans & Mead,1996)

肠道病原菌	感染的概率(P_i)	死亡(数)/发生事件(%)
空肠弯曲杆菌	7×10^{-3}	0.1
沙门氏菌血清型	2×10^{-3}	0.1
志贺氏菌群	1×10^{-3}	0.2
霍乱弧菌	7×10^{-6}	1.0
霍乱弧菌 El Tor	1.5×10^{-5}	4.0
轮状病毒	3×10^{-1}	0.01
贾第虫属群	2×10^{-2}	ND[a]

[a]未测定。

人体食用实验的应用存在许多限制条件:

(1)主要问题是实验对象通常是健康、年轻的成人(18～50 岁),常常是男性人群,然而社会上的易感人群常常是老人、孕妇和婴幼儿。

(2)伦理上来讲,病原菌能威胁生命(例如大肠杆菌 O157)或者仅仅在高风险人群引起疾病(单增细胞李斯特菌血清型 4b),但志愿者的研究并不能满足这些要求。

(3)人体实验通常每个剂量组仅有少量的志愿者和较少的剂量组。虽然每个剂量参加试验的志愿者人数为 5～19*,但每个剂量志愿者平均人数是 6 人(表 3.9)。由于研究通常是疫苗实验,所以剂量的变化范围较大,从而保证特定实验群体产生显著效应。所以,剂量并不在感兴趣的量效模型的范围内。

(4)病原菌是在中和胃酸后以非食物介质的形式喂给志愿者。到达肠道的剂量可能与正常的摄入情况不同(Kothary & Babu,2001)。

表 3.9 空肠弯曲杆菌感染的人体试验数据(Black *et al*.,1998;Medema *et al*., 1996)(图 3.9)

剂量(cfu)	志愿者人数	感染人数	出现症状人数
8×10^{2}	10	5	1
8×10^{3}	10	6	1
9×10^{4}	12	11	6
8×10^{5}	11	8	1
1×10^{6}	19	15	2
1×10^{8}	5	5	0

然而,人类志愿者的数据确实有其优越性,这样通过动物模型获得的数据在物种之间转换就没有必要。

动物模型依赖于选择适当的动物,选择的疾病应该有人体同样的发生疾病的效应,并可以通过转换因子转换成为人体的效应。它主要的优点是可以大量重复,剂量范围可以有较大的变化,与志愿者相比,可以更容易使动物在可控条件和环境下进行实验。除了动物实验导致的伦理问题之外,动物模型也有其自身的限制。

* 译者注:原稿有误,应为 5～19 人。

动物通常在年龄、体重和免疫状况等方面相同。当然,类似的批评也可以照搬到人类食用实验。另外,实验动物的基因变异较少,这也与人类不同。用动物模型对于单增李斯特菌(*L. monocytogenes*)进行风险评估的应用将在 4.4.1 讨论。

许多国家政府和几个国际组织编撰了传染病的健康统计资料,包括由食品和水传播的传染病。这些数据对于微生物危害的描述至关重要。另外,还需要监测数据结合食品调查数据来估计量效关系(Notemans *et al*.,1998b)。流行病学的研究作为验证量效模型的手段也相当重要。可以通过将量效模型结合暴露量估计确定的风险是否接近每年危害造成的疾病统计数据来进行量效模型效果的评估。

食源性疾病的暴发的研究对于从事量效模型研究者来说非常有用(Mintz *et al*.,1994)。由美国明尼苏达州卫生部门调查的两起沙门氏菌暴发事件中,在有牵连的运载车辆上检测到的沙门氏菌污染最高的是每 100 g 奶酪 4.3 个微生物,而每 65 g(一杯半)一份的冰激凌中含有 6.0 个。先前在美国和加拿大暴发的调查数据显示有牵连的奶酪和巧克力中的沙门氏菌污染度在很低的水平。这些调查的沙门氏菌感染剂量要低于有限数量志愿者进行的临床实验估计的感染剂量几个对数级。疾病暴发进行的流行病学调查的数据并不都是可靠的,因为资料并不是通过标准的模式和规程得到的。预计感染率可能偏高或者偏低,因为这些是建立在症状而不是实验室确证病例得出的,在实验室确证中造成疾病的微生物应该可以检测到。WHO/FAO(2000)认为疾病暴发事件中的暴露剂量不准确,是因为:

(1)不能获得被污染食品或水的代表样;

(2)检测方法并不十分准确(例如水中微小隐孢子虫卵囊法);

(3)对食品和水的消费量的估计不准确。

4.2.2 部分中涵盖了最近 JEMRA 对肉仔鸡和鸡蛋中沙门氏菌的危害识别和危害特性的报告内容,比较了饲养实验和疾病暴发的量效模型。

Buchanan 等(2000)提倡对剂量效应模型开展更多的机制研究,从而将有限的人类个体健康实验推广到一般状态的所有人群。他们提出有 3 个阶段需要考虑:

(1)胃酸屏障;

(2)附着/传染;

(3)发病率/死亡率;

胃酸屏障

摄入病原菌的感染率首先取决于通过胃内容物后的存活率。这取决于胃酸的杀死效应和胃排空速率。根据下面的方程式,死亡率由 D 值表示(见 2.5.4)。

$$\log_{10} D = (0.554 \times \mathrm{pH}) - 1.429$$

排空速率为

$$R(\%) = 100.4\ \mathrm{min} + (-0.429 \times t)$$

式中:$R(\%)$是保留百分比,t 是时间。

根据这个等式可以预计，在 pH 2.2 时（正常胃液的 pH 值）仅 1%～2%个细胞存活，但当 pH4.0 时，大约 50%存活。Buchanan 等(2000)就发现这些预测结果和 Peterson 等(1989)的实验数值有很好的相关性。

附着/传染

感染模型的第二阶段是摄入的病原菌要克服肠溶物快速流动（相对于微小体积）导致的冲洗作用。所以，病原菌必须附着并在肠上皮细胞上繁殖生长。附着位点根据病原菌的不同而不同（如在沙门氏血清变型是通过甘露糖特异性 1 型纤毛附着在微绒毛上）。由于缺乏适当的数据支持，所以 Buchanan 等(2000)用 1%个病原菌附着并在上层细胞生长繁殖。很显然，这是需要进一步研究的重点。

发病率/死亡率

感染模型的最后阶段是摄入的病原菌引起疾病症状甚至死亡的可能性。感染的进一步发展取决于病原菌的致毒机理和宿主防御（最主要是免疫）系统。免疫系统随着年龄增长而逐步遭到破坏，不合理的饮食和药物如抗酸剂的使用也使防御系统弱化。

所以，机理模型意味着感染速率取决于胃酸的 pH 值、肠附着、致毒机制和宿主免疫系统。Buchanan 等(2000)用模型模拟了沙门氏菌侵染两类群体的影响：老年人群（大于 65 岁）中的 30%会遭遇胃酸缺乏（胃酸分泌减少），成人（20～65 岁）中仅仅 1%遭受胃酸缺乏。人群基数是 10 万，摄入剂量为 100 个沙门氏菌细胞。胃酸缺乏症的人 pH 值为 4.0，而正常人 pH 值为 2.2(Forsythe *et al.*, 1988)。

以假设为基础，发病率和死亡率以及受感染和即将死亡的群体的比例等在表 3.10 列出(Buchanan *et al.*, 2000)。模型预测会发生老人大量死亡事件。在这个例子中，机理模型仅仅用于一个剂量，但是它可以用于更广泛的暴露水平。

表 3.10 运用机理模型预测两组 20 万人群摄入 100 个沙门氏菌细胞后的感染率（由 Buchanan 等(2000)总结得来）

	免疫状况	小于 65 岁的成人	大于 65 岁的成人
感染个体数量	免疫激活	3 297	13 910
	免疫受损	33	2 669
	总数	3 330	16 579
症状出现数量	免疫激活	165	696
	免疫受损	3	267
	总数	168	963
死亡数量	免疫激活	3.3	13.9
	免疫受损	0.2	21.3
	总数	3.5	35.2

3.3.8 风险描述

定义：风险描述就是综合前面的 3 步（危害识别、暴露评估、危害特性）从而获得特定人群受到有害影响严重性和可能性的风险估计及其不确定性。

风险描述是风险评估的最后一步,可以是定性(低、中、高)或定量(每年或每10万人口的感染、疾病和死亡率),这取决于暴露评估。风险估计的可信度取决于先前步骤的信息量,例如,人群敏感性的变化。虽然定量风险评估是最希望得到的,然而获得它们却受到技术、时间、数据和方法的制约。在风险描述中,变化被分为不确定性和变异性,不确定性反映的是重要的数据缺失,而变异就是由于诸如饮食量和人群敏感性等因素的变化造成数据缺乏一致性,这在建模中要予以充分的重视(Nauta,2000)。

总体概率或者风险估计是由下列公式决定计算:

风险估计=剂量效应评估×暴露评估

这个关系式在图 3.10 进行了图示,其中暴露评估是剂效关系的输入值,结果是风险估计,例如有害影响的概率。

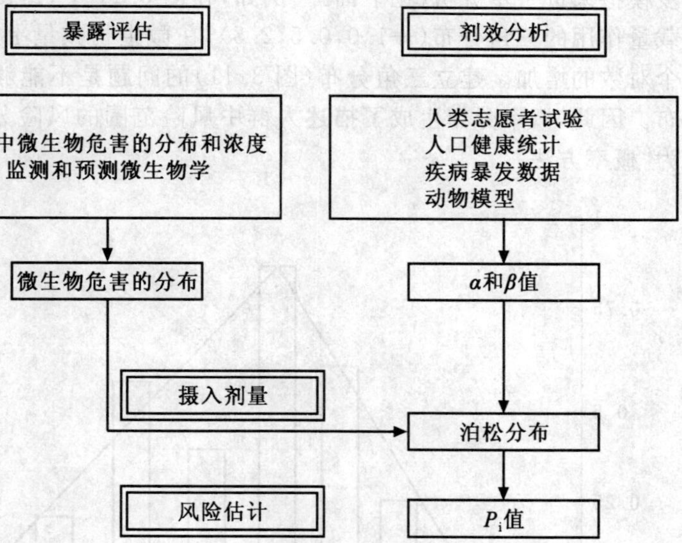

图 3.10 预测感染的概率

风险描述不仅仅是确定危害暴露人群的相对风险,而且还应该包括其严重性。所以要设置多重目标点,例如感染、患病(发病率)和死亡(死亡率)。

遗憾的是,科学数据对部分风险评估是缺乏的,因此需要通过程序的透明化,并注明不确定性和可变因素。而且,过程中的任何变化都要求对风险进行重新评估。所以准确的风险交流(包括不确定因素)对于风险分析是相当重要的(见 3.6)。

风险描述可以通过对危害和相对应的疾病的独立流行病学数据比较来进行评估。利用概率模型,蒙特卡罗(Monte Carlo)模拟能应用于修正先前的假设和数值以确定其重要性。重要的变量常常通过极端变化的图表表示(见 3.3.10)。然后,通过风险描述形成风险管理策略。

3.3.9 正式报告的书写

风险评价应形成较为全面和系统的文件。为了保证透明化，最终的报告要翔实，特别是和风险评估相关的限制和假设条件。报告应提供给所需的独立团体。

3.3.10 三角分布和蒙特卡罗模型

风险评估需要将不确定性(缺乏信息)和可变性(如生物变异的已知因素)分开，并且采取透明的描述方式。有两种定量的风险评估，一种是确定式的；另一种是随机的。确定模型把单个点的评估作为输入数据，而随机模型却是一个数据分布范围。确定式风险估计，输入数据可以是点估计的平均值或最坏状态(95%)。与点估计相反，概率分布描述了每个可能值的相对权重，并用一系列参数来描述：最小值，最大可能值和最大值。为了描述这3个值可以生成一个三角分布，并可以用蒙特卡罗模拟来进一步分析(见下面)。例如，在图3.11中，给出了去内脏对禽类微生物载量作用的三角分布(-1.0，0.5，2.5)，在微生物数量上没有对数减少，而是0.5个对数的增加。建立三角分布(图3.11)的问题是不能够完全反映原始数据的分布。因此，概率分布生成了描述人群中风险范围的风险分布。随机的方法也称之为“概率方法”。

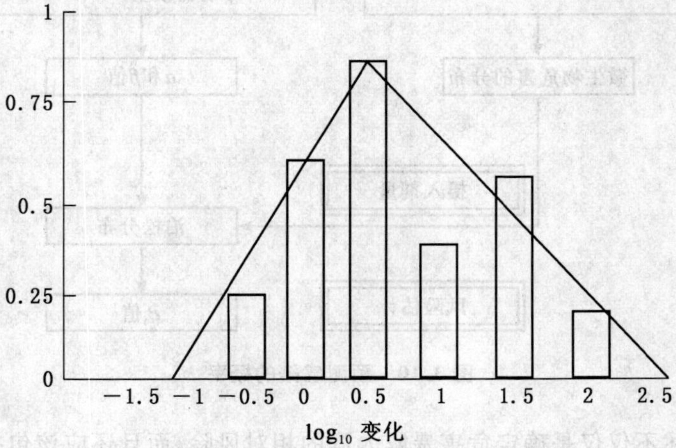

图3.11 禽类去内脏后空肠弯曲杆菌(*C. jejuni*)的三角分布(Fazil *et al.*，2000b)

蒙特卡罗过程是以一个或多个概率分布为基础的产生随机变量值的过程(Vose，1996)。蒙特卡罗模拟是用多次多个不同输入数值来计算模型输出值的蒙特卡罗过程的模型。目的是获得所有可能的完整的假设。在微生物风险评估中会有两个或多个变量，如病原菌的分布和浓度，将他们多次综合在一起生成进一步的计算的概率范围(Vose，1997，1998)。

图3.12显示了3个变量的频率分布。有3种方法用来评估这些数据：

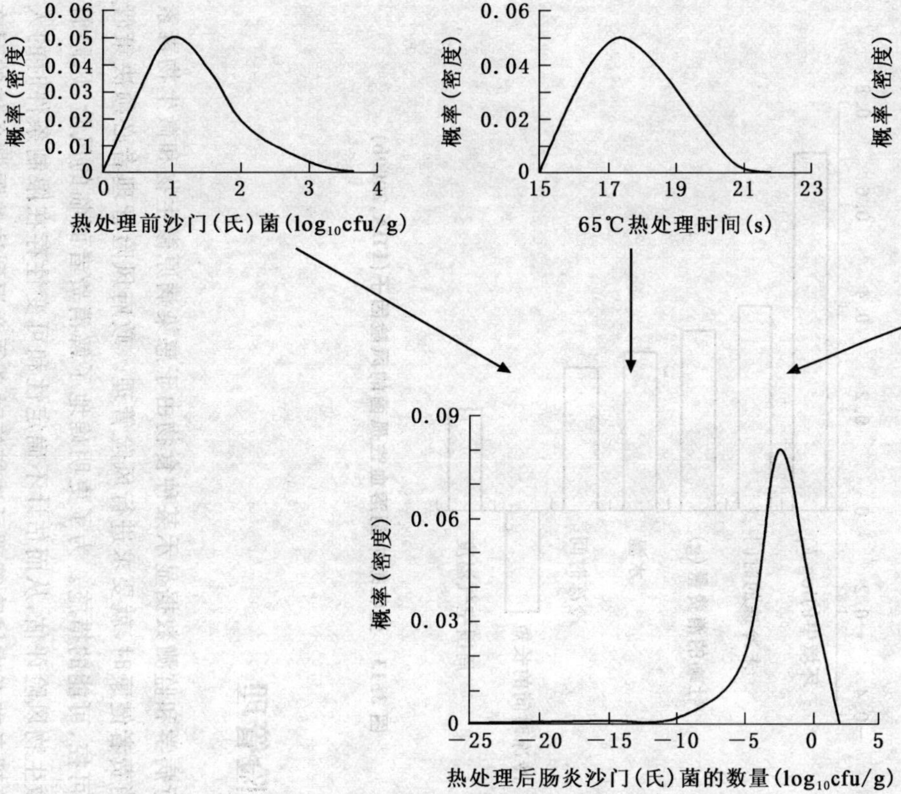

图 3.12　热处理后肠炎沙门(氏)菌分布的蒙特卡罗模拟

(1)确定每个分布的平均值,并将它们相乘;

(2)采用每个数据库的最大值来作出最坏的假定;

(3)用蒙特卡罗模拟从数据库中随机重复(数千次)抽取样本,确定可能的结果的分布曲线。

很显然,第三种方法是最具代表性的。

蒙特卡罗模拟的最简便方法是进入 Excel™(Microsoft 公司)可变范围的电子数据表文件,然后用@RISK(Palisaide Corp),Crystal Ball 2000(Decisioneering)或Analytica(Lumina Decision Systems,Inc)等风险分析工具(具体细节参见因特网指南)计算分布结果。

图 3.13 显示了副溶血性弧菌(FDA,200b,见 4.7.1)用旋风图表来解释风险缓解因素的一个实例。目的是很容易交流在风险缓解策略可能改变的主要因素。

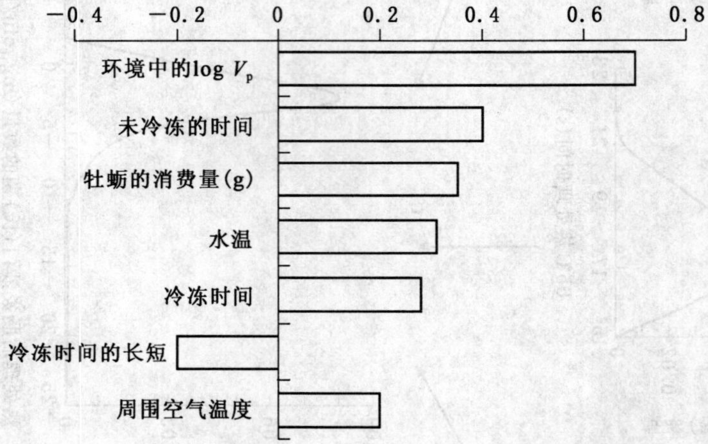

图 3.13 生牡蛎中副溶血性弧菌的风险因子(FDA,2000b)

3.4 风险管理

当流行病学和监测数据显示某种食物由于感染病原微生物和微生物毒素而有可能威胁消费者健康时,就要求进行风险管理。政府风险管理者必须决策管理风险的适宜、可控、可能的措施。为了更明确地了解消费者面临的风险,风险管理者需要开展微生物风险评估,从而估计不确定性和可变性存在限制条件时的人类风险。风险管理者在考虑风险管理可选措施时必须意识到这些限制条件的存在。必须将风险管理和风险评估分开以保证评估的透明度。

风险评估之后,适宜的风险管理步骤应包括安全的处置程序和实践、食品加工质量和安全保证控制以及食品质量和安全标准准则的建立等(Notemans *et al*.,

1995)。如果需要的话,风险管理者需要选择和实施适当的监管措施。微生物风险的评估者和管理者之间的相互交流的准则文件已经发表(WHO/FAO,2000b)。国际食品风险管理者是CAC。图3.14给出了风险管理活动的流程图。

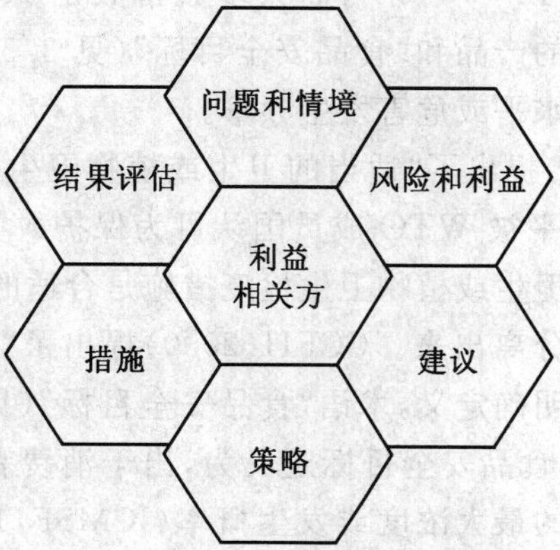

图3.14 风险管理措施

风险管理可分为4个方面:

(1)风险评价:启动风险管理活动;

(2)风险管理措施选项的评估;

(3)决定的实施和管理;

(4)监控和审核。

基本原则如下:

(1)风险管理应该遵循结构化的方法;

(2)人类健康的保护是风险管理决定的最优先考虑;

(3)风险管理的决定和实施应该是透明的;

(4)风险评估政策的决策应该是风险管理中的一个有机组成部分;

(5)风险管理要通过将风险管理和风险评估的职能分离来确保风险评估过程的科学完整性;

(6)风险管理的决定要考虑到风险评估输出的不确定性;

(7)风险管理应该在整个过程的各个阶段与消费者和其余利益相关方进行清晰互动的信息交流;

(8)风险管理是一个连续的过程,需考虑到评估中所有数据的更新和重新审核风险管理的决定。

限制风险的两个原则:

(1)从风险源导致的个人风险应该不超过最大允许水平;

(2)应遵循“可合理达到的尽可能低水平”的原则不断降低风险,并且必须证明最优化决策得到了正确实施。

这种方法的一个特别的方面是与使用准则和相关数值有关。对于已经广泛应用这种方法的最大可允许水平和可忽略水平方面，使用的准则通常是关乎一生的死亡风险。指数范围是 $10^{-8} \sim 10^{-3}$，而大多数指数是 $10^{-6} \sim 10^{-4}$。对于食品工业，例如，对于一个特定的产品和“食品安全目标”（见 3.5），风险的最大可允许水平可以转化为危害最大水平或危害发生频率。

SPS 协议（见 1.7.1）提出了“适当的卫生或植物卫生保护水平（ALOP）”。这一协议中定义的保护水平被 WTO 成员国认可为保护人类、动物和植物生命或健康而在自己地域建立的卫生或植物卫生检疫措施是合适的。这是假定将不可接受风险从可接受的风险中分离出来。CCFH（2000）提出了“可容忍风险”，再一次分化了阈值。尽管还没有明确定义，术语“食品安全目标”（见 3.5）已经在一些 CAC 文件中使用。ICMSF 将食品安全目标定义为，出于消费者保护的目的，食品中可考虑接受的微生物危害的最大浓度或发生概率（ICMSF，1996b，1998b，c）。（也可参见 2.8 的微生物标准）。“可合理达到的尽可能低水平”（ALARA）是风险管理的概念，它并不是一个可接受风险和不可接受（容忍）风险的绝对值。而是将风险归为 3 类：不可容忍、可容忍和可接受（图 3.15）。不可容忍（不可接受）风险通过法规和禁令来管理。风险管理的目的就是用策略降低风险到“尽可能低”的水平，并需要更多的适当的方法，而不是定义可接受和不可接受的阈值。

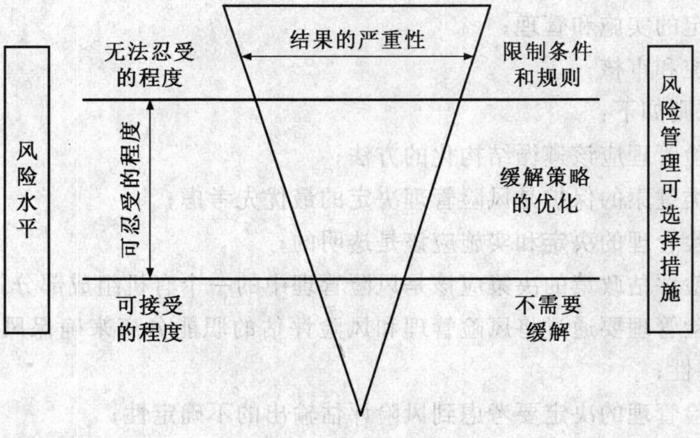

图 3.15 风险管理中应用的尽可能低的方法（Jouve，2001）

HACCP（见 2.3）是建立在定性风险评估基础上的预先的风险管理系统。现在利用定量方法有两个显著的优点，即能够将 HACCP 计划与对公众健康影响估计联系起来，而且风险评估者能够在他们的结果中测量它的置信水平。

微生物风险的风险评估部分是从化学风险评估中分离出来的。然而，微生物污染是比化学危害风险更为复杂的危害组群。因此，分析中必须包括对似是而非的食品加工和储藏条件下的微生物生长速率的估计。由于数据缺乏,这种分析很难,所以主要方法是确定加工过程中导致微生物污染或微生物生长的环节。在目前的发展状态,风险管理的 HACCP 方法没有应用微生物剂量效应关系的信息,而是使用操作标准(每克食品中的微生物数量),操作标准更多的基于操作要求而非科学标准。然而,由于世界贸易的需要,最终都得证明这些标准是正当的。

3.4.1 风险评估政策

风险评估过程中用于特定决定点的价值判断和政策选择的指南就是风险评估政策。风险评估政策的建立是一个风险管理的职责,而且要使所有风险评估者全面执行,并保证风险评估的科学完整性。指南应该形成文件以保证其一致性和透明性。风险评估政策建立的实例。如建立风险人群,建立危害排序的标准和安全因子使用的导则等。

3.4.2 风险框架

风险框架就是描述食品安全问题及其内容、确认危害的要素或各种风险管理决定相关的风险要素的过程。风险框架应该包括识别与优先顺序相关的危害的各方面,设立风险评估政策和安全标准与管理建议相关的风险的各个方面。一个典型的风险框架包括以下几个方面:

- 简要描述局势、涉及的产品或商品;
- 识别风险内容,如人体健康,经济影响,潜在的后果和消费者对风险的认知;
- 描述风险和利益。

半定量风险框架方法已提出(CCFRA,2000),这为微生物风险评估提供了许多帮助(也可见 Voysy & Brown,2000)。丹麦兽医和食品管理局建立了空肠弯曲杆菌的风险框架(见 4.3.2),能进一步运用到肉仔鸡空肠弯曲杆菌感染人类的风险评估的风险框架建立中。

3.5 食品安全目标

风险评估和食品安全管理的下一步就是建立食品安全目标;例如,出于消费者保护目的,食品安全目标是食品中可考虑接受的微生物危害的最高水平的一种陈述。食品安全目标是风险评估与有效控制识别风险相联系的风险管理工具。对于在食品链特定环节的实际应用,政府部门有责任将风险分析的结果转化为食品安全目标。这些目标应该是具体的,任何相关的食品操作员应通过适当的干预措施去努力实现食品安全目标。

食品安全目标是出于消费者保护目的,食品中可考虑接受的微生物危害的最高水平的一种陈述。这个目标应该是:

- 技术上可行的；
- 包括可量化的数值；
- 可证实的；
- 由政府部门形成并与国际食品贸易所要求的一致。

由政府定义的食品安全目标只是代表了食品操作员基于自己的方法的最低目标(图 3.1)。政府的食品安全目标可以作为公司的食品安全要求而应用。或者，由于商业因素，公司建立更多的食品安全需求并列入到食品安全项目中。要达到食品安全要求，就需要实施良好操作规范(GMP)，良好卫生规范，HACCP 和质量保证体系(见 2.3)。

如同食品安全目标的微生物准则，应该基于微生物验证、检查和检验方法建立的基础之上。微生物准则的建立应该考虑到：

- 对健康的实际和潜在危害的证据；
- 原材料的微生物学；
- 加工效应；
- 处理、储藏和使用过程中污染和生长的后果和可能性；
- 风险中消费者类别；
- 配送系统和消费者滥用的潜在性；
- 决定产品安全方法的可靠性；
- 应用的花费和收益比率；
- 在食品中有目的使用。

微生物准则被用来保证食品安全，与 GMP 保持一同，保证易腐烂食品的质量和/或特定目的食品或原料的适宜性。如果运用合适的话，微生物准则是保证食品安全和质量的有用手段，从而能够增强消费者的信心。同样，微生物准则也能够给食品工业和监管部门提供食品加工过程控制的指南。通过食品安全和质量需求的标准化，使之成为国际上接受的准则，能够促进自由贸易。然而，应该认识到(见 2.8)抽样方法本身有固有的风险(图 2.8 和图 2.9)。

3.6 风险交流

风险交流就是利益相关方通过风险分析过程，就风险、风险相关因素和风险认知等交换信息和意见，并解释风险评估的发现和风险管理决定的基础。

风险交流的目标：

- 通过在风险分析过程中的不断思考，促进所有参与者认识和理解特殊的风险情形；
- 在达到和实施风险管理决定时促进一致性和透明度；
- 提供对建议和实施的风险管理措施的理解的坚实基础；

- 改进风险分析过程中的有效性和效率；
- 当选择风险管理建议选项时，为信息的有效传递与开发和教育项目服务；
- 强化参与者之间的工作联系和相互尊敬；
- 促进风险信息交流过程中所有利益相关方的正确参与；
- 交换利益相关方关注的食品及相关主题风险的知识、态度、价值、实践和认知信息；
- 培养食品供应链安全方面的公众信任和信心。

由于大量食品安全和食品中毒事件的曝光，大众越来越关心食品安全相关的风险信息（表 1.7）。所以，与消费者有效的风险信息交流既重要又必要。风险信息交流要求适度的表达，并需要对准则、危害、风险、安全等要求和有关食品普遍关心的问题作出反应。风险信息交流公开给大众提供了普通民众和特定人群的风险评估和食品危害识别的专家见解和科学结果。同时还提供了个人和公共部门通过质量和安全系统预防、减少和最小化食品风险的信息。而且，风险信息交流为特定危害的高风险人群出于保护自身目的而采取何种措施提供了充分的信息。

风险信息交流的几个方面：

(1)风险本质

- 关注危害的特征和重要性；
- 风险的量级和严重性；
- 趋势和局势的紧急性；
- 暴露的概率；
- 构成重大风险的暴露量；
- 风险人群。

(2)利益本质

- 与风险并存的利益；
- 谁受益，以何种方式；
- 风险和利益的平衡点；
- 利益的量级和重要性；
- 所有影响人群的总体利益。

(3)风险评估的不确定性

- 风险评估的方法；
- 每个不确定因素的重要性；
- 可用数据的准确性；
- 用于估计的假设条件；
- 估计风险管理决策变化影响。

(4)风险管理建议

- 控制或处理风险采取的措施；

- 可能减少个体风险的个人行为；
- 对选择具体风险管理措施的判断；
- 特定建议的利益；
- 谁收益；
- 处理风险的费用，谁付费；
- 风险管理建议实施的风险持续性。

大众对风险和利益认知的不同应该予以理解，同样国家和社会群体不同造成的认知不同也应该理解。例如，英国和美国在转基因改良的食品原料上存在明显的不同。部分是由于疯牛病-人克雅氏症紧急情况以来，公众对政治家和专家一而再地保证的不信任造成的（Bruce *et al*.，1997；Gale *et al*.，1998；Ferguson *et al*.，1999）。在男性和女性之间风险认知也不同，一般说来，女性比男性更倾向于认知技术和食品相关危害的风险。社会结论有助于提高对政府的信任，也就间接地提高了对风险相关的法律框架的信任。风险管理过程中不断增加的透明度和提高公众的信任度将有助于公众参与风险管理。

（石阶平　译）

4 微生物风险评估的应用

4.1 引言

现在有越来越多的关于微生物风险评估的文献发表或出版，但大多只集中讨论风险评估的某一个方面，比如危害特征（表 1.10 和表 3.2），而微生物风险评估专家联席会议（JEMRA）发布的资料中（见 3.2）有宽泛的关于这个问题的文献，其中包括一些未发表的数据，本章只讨论风险评估的几个重要方面。

目前，已经发表的微生物风险评估文献在深度和结构上有相当大的差异，读者应该注意到不是所有文献都是遵照食品法典中关于风险评估的结构和定义的（见 1.8.2，图 1.4）。风险评估是一门不断发展的科学，本章给出了一些简单的例子来说明复杂的风险评估过程，而不是对微生物风险评估文献的详细综述。以下各节都从危害鉴定的目标微生物介绍开始。

4.2 沙门氏菌（*Salmonella* spp.）

来源：

- 饲养的和野生动物，包括家禽，猪，牛，啮齿动物，猫和狗；
- 被感染的人，尤其是被伤寒沙门氏菌（*S.* Typhi）和副伤寒沙门氏菌（*S.* Paratyphi）感染的人。

控制：

- 热处理（巴氏杀菌，灭菌）；
- 冷藏；
- 防止交叉污染；
- 良好的个人卫生；
- 有效的污水和水处理方法。

沙门氏菌（*Salmonella*）是肠杆菌科中的一个属，革兰氏阴性，兼性厌氧菌。它们最适生长温度在 38℃左右，最低生长温度约为 5℃（表 2.4）。沙门氏菌不产芽孢，因而相对来说对热比较敏感，在 60℃处理 15～20 min 就可以将其杀死（$D_{62.8}=$ 0.06 min）。目前人们关注的重点是具有多种抗生素抗性的血清型菌增多。沙门氏菌毒性与其细胞中一个 50～100 kb 的质粒有关（Slauch *et al.*，1997）。

沙门氏菌属分为肠道沙门氏菌（*S. enterica*）和邦戈沙门氏菌（*S. bongori*）2

个种，这 2 个种又划分为 8 个群（Boyd *et al.*，1996）。这种划分与流行病学调查无关，只是对各菌进行详细的描述需要。沙门氏菌包括 2 324 种不同的菌株，也可以称作血清型。运用 Kaufmann-White 框架（Ewing），根据 O-，H-和 Vi-抗原不同可以将它们区分开。根据一般的抗原因子，又可以将不同血清型分为不同的血清群。沙门氏菌属的菌都具有一种复杂的脂多糖（LPS）结构（Mansfield & Forsythe，2001），它可以促生 O-抗原。沙门氏菌分离物的血清型可以帮助流行病学研究追溯沙门氏菌传染途径。

沙门氏菌食物中毒的症状：

- 腹泻；
- 反胃、恶心；
- 腹痛；
- 轻度发烧、打寒战；
- 有时候还会引起呕吐、头痛等。

Thorns（2000）评估了每 10 万人沙门氏菌病的发病率，结果为：14（美国），38（澳大利亚），73（日本），16（荷兰），在德国的部分地区为 120。发病前潜伏期一般为 8～72 h，持续 4～7 d 后，病人一般可以自愈。许多病人不吃药也可以痊愈。由于都柏林沙门氏菌（*S.* Dublin）和猪霍乱沙门氏菌（*S.* Choleraesuis）偶尔还会发生全身性的感染，这种情况下需要用流体和电解质替代治疗。感染者在生病期（一般为 5 周）会在粪便中排出大量的沙门氏菌。之后，粪便中的沙门氏菌会减少，但是这种情况会持续 3 个月，其中大约 1％的病例会演变为慢性的携带者。儿童在逐渐康复的过程中，每克粪便中排出的沙门氏菌达到 10^6～10^7 个。

慢性的结果有肠炎后的反应性关节炎，急性症状发作 3～4 周后可能出现赖特（Reiter）综合征。反应性关节炎产生的概率是 1％～2％。反应性关节炎和赖特综合征（Reiter's）是由某一系列的细菌引起的风湿病症。这一系列的细菌通过造血细胞扩散到关节骨液中引起炎症，最终导致腐败性关节炎。导致疾病的微生物还包括肠炎沙门氏菌（*S.* Enteritidis）、鼠伤寒沙门氏菌（*S.* Typhimurium）和其他血清型菌，例如阿贡纳沙门氏菌（*S.* Agona）、蒙得维沙门氏菌（*S.* Montevideo）和圣保罗沙门氏菌（*S.* Sanit Paul）。能导致反应性关节炎的非沙门氏菌属的细菌包括：空肠弯曲杆菌（*C.* jejuni）（见 4.3）、弗氏志贺氏菌（*Sb. flexneri*）、宋氏志贺氏菌（*Sb. sonnei*）、结肠炎耶尔森氏菌（*Y.* enterocolitica）（特别是 O：3 和 O：9）、假结核耶尔森氏菌（*Y. pseudotuberculosis*）、大肠埃希氏菌（*E. coli*）和克雷伯氏肺炎杆菌（*K. pneumoniae*）。这些情况与一种基因决定的宿主风险因子相关，即 HLA-B27，它是为 1 类抗原服务的主要组织相容复合体（MHC）基因。同时宿主风险因子与微生物抗原的交叉反应会导致抗-B27 的自体免疫反应。在同等程度肠道感染的情况下，白细胞抗原 HLA-B27 阳性的病人患反应性关节炎、Reiter 综合征、强硬性脊椎炎的风险分别高 HLA-B27 阴性的病人 18 倍、37 倍和 120 倍。然而，鼠伤寒沙门氏菌(*S.* Typhimurium)和海登堡沙门氏菌/海德沙门氏菌(*S. Heidelberg*/*S. Hadar*)在加拿大引起疾病暴发后就缺乏对反应性关节炎与 HLA-B27 相关性的报道。其他可能相关或可能表现一致的基因决定了疾病的发生。这种情况属于免疫学的范畴,可以服用非甾族的抗发炎药物来治疗,而服用抗生素没有什么效果。

感染剂量与人的年龄和健康状况、食物和沙门氏菌菌种的不同而有差别。据不同的血清型菌(见 4.2.2 的详细讨论)、食物和宿主的脆弱程度,感染剂量(感染概率为 100%)范围是 20～10^6 个细胞。值得注意的是最初的 50 mL 液体会直接通过胃进入小肠,因为胃里的强酸环境会起到保护作用。同样地,巧克力在胃中短时间的存在被认为是可以保护沙门氏菌,降低了感染剂量。通过渗透作用从肠内腔到达小肠上皮细胞,并在那儿繁殖从而导致了沙门氏菌病。同时,这种细菌还侵入回肠甚至偶尔还会侵入大肠,这种感染会导致发炎反应。沙门氏菌病例的数量表现出明显的季节性,在夏季发病率最高。

沙门氏菌在动物中的感染一般不同于在人类中出现的典型性胃肠炎和后发症状(Berrends *et al.*,1997),因此动物模型的应用是有限制的。然而,不像许多其他微生物病原体,沙门氏菌有相当多人类感染的数据。

据估计 96%的沙门氏菌病例都是由广泛被污染的食物引起的(表 1.2),包括原料肉、家禽、蛋、乳和乳制品、鱼、虾、青蛙腿、酵母、椰子、调味料和色拉调料、蛋糕混合物、奶油甜点和托品咖啡、干胶、花生奶油、可可和咖啡。这些食物的污染是由于不恰当的温度控制和操作,或者是原料到成品过程中的交叉污染造成。微生物就在这些食品中繁殖到感染剂量。

除污染蛋壳以外,由于经卵感染,肠炎沙门氏菌(*S.* Enteritidis)还可以从蛋黄中分离到。这种菌可以从环境中达到鸡的肛门,进而占据其卵巢,随后肠炎沙门氏菌在产生具有保护性的蛋壳之前污染鸡蛋。被感染的未受精的蛋就会使肠炎沙门氏菌污染蛋制品,而被感染的受精蛋会长成被全身感染且有慢性病的小鸡,进而变成被污染的畜体。

伤寒沙门氏菌(*S. typbi*)和副伤寒沙门氏菌(*S. paratypbi*)A,B,C 会导致人类的伤寒症和类伤寒症,前者是一种危及生命的疾病。这种微生物在回肠上皮细胞的下层黏膜组织中繁殖,然后借助巨噬细胞扩散到身体的各个部分。许多内部器官,如脾和肝脏会被它们感染。这种细菌自肝脏污染到胆囊,最后以胆汁作为传播介质感染肠。如果该细菌没有进入胆囊就不会产生伤寒症,不过被感染的人还是会在其粪便中排出该菌。

伤寒症的典型症状:

- 持续 39～40℃的体温;
- 没有气力;
- 腹部绞痛;
- 头痛;

- 没有胃口；
- 扁平的皮疹，可能产生玫瑰色的斑点。

相对于大多数沙门氏菌发病率都小于1%，伤寒症的发病率高达10%。很少一部分人可以在伤寒症后痊愈，但是他们排出的粪便中仍然含有这种微生物。粪便中仍然会排出这类微生物的人一旦污染了食物和饮料，伤寒沙门氏菌和副伤寒沙门氏菌就可以通过这些食物和饮料进入其他人体内。70%的病例与出国旅行有关。

4.2.1 带壳鸡蛋和蛋制品中的肠炎沙门氏菌(*S*. Enteritidis)

美国农业部食品安全检验局(FSIS,1998)完成了为期2年的对带壳鸡蛋中肠炎沙门氏菌的综合风险评估，并公布在网上(表1.10和URLD的网址，这份文件有268页)。肠炎沙门氏菌的风险评估(SERA)模型也可以在网上下载，这个模型需要Excel™(微软公司)和@RISK(Palisade公司)软件来运行。在许多方面，这个模型都是食源性病原体风险评估的原型，经常被其他沙门氏菌的风险评估所借鉴。Wachsmuth在网上发布了在线学习SERA模型的指南(见网址录)。在美国，如FSIS(1998)的风险模型，可用于消除肠炎沙门氏菌病(Anon.,1999c)，是可以操作的计划。

风险评估的目标是：

- 确认和评估可能降低风险的措施；
- 确认需要的数据；
- 确定未来数据收集工作的先后。

风险评估模型由以下5个模块组成(图4.1)。

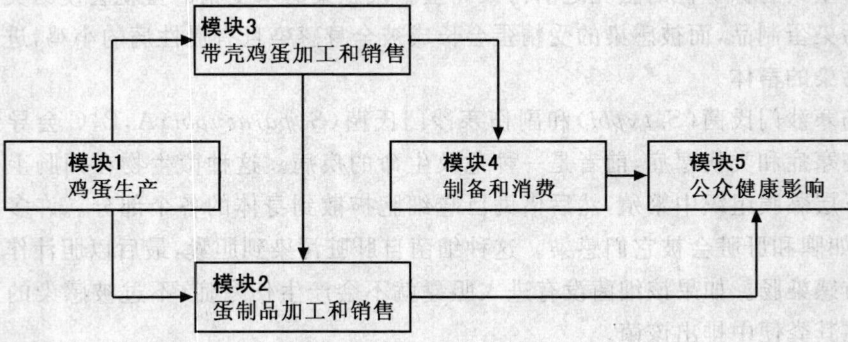

图4.1 带壳鸡蛋和蛋制品从"农田到餐桌"的风险评估模型(FSIS,1988)

鸡蛋生产模块

估计了生产中感染(或内部感染)了肠炎沙门氏菌的鸡蛋的数量。

带壳鸡蛋加工和销售模块

这个模块包括带壳鸡蛋从农场收集、加工、运输到储藏的过程，因此影响肠炎沙门氏菌水平的主要因素是积温和各种不同的加工、运输、储藏阶段的次数。两个影响模型的主要因素是：直到蛋黄膜(阻止肠炎沙门氏菌污染的屏障)失去完整性所用的时间和随后鸡蛋中肠炎沙门氏菌的生长率。

可以利用以下方程估计蛋黄膜崩溃之前的延迟时间：

$$\log_{10}\mathrm{YM}=\{(2.08-0.04257\times T)\pm(2.042\times0.15245)[(1/32)+((T-21.6)^2/(32\times43.2))]^{0.5}\}$$

随后的生长率由以下公式估计：

$$\text{生长率}(\log_{10}\mathrm{cfu/h})=-0.1434+0.026\times\text{鸡蛋内部温度}(℃)$$

蛋制品加工和销售模块

这个模块追溯了鸡蛋从收集到巴氏杀菌加工过程中肠炎沙门氏菌数量的变化。经过巴氏杀菌，整个鸡蛋和蛋黄中的肠炎沙门氏菌的死亡率，由实验得到的 D 值(图 2.5)来确定。蛋制品中肠炎沙门氏菌由两种来源：鸡蛋内容物和破开鸡蛋时的交叉污染。

准备和消费模块

评估了蛋或蛋制品在储藏、运输、加工和准备过程中肠炎沙门氏菌在数量上的增加或减少。

公众健康模块

估计了由于食用肠炎沙门氏菌阳性鸡蛋产生的发病率、4 种临床结果的概率(不治而愈、经内科医生诊治后痊愈、住院治疗及死亡)和反应性关节炎的概率(表 4.1)。

表 4.1 肠炎沙门氏菌风险评估的公众健康评估结果(FSIS ,1998)

种	类	人数
普通人群	暴露	1 889 200
	Ⅲ	448 803
	不治而愈	425 389
	内科医生诊治后痊愈	21 717
	住院治疗	1 574
	死亡	123
	反应性关节炎	135 578
易感人群	暴露	521 705
	Ⅲ	212 830
	不治而愈	196 295

续表 4.1

种　类		人数
	内科医生诊治后痊愈	14 491
	住院治疗	1 776
	死亡	269
	活动性关节炎	6 416
总人群	暴露	2 410 905
	Ⅲ	661 663
	不治而愈	621 684
	内科医生诊治后痊愈	36 208
	住院治疗	3 350
	死亡	392
	活动性关节炎	19 994

基准模型预测结果：

- 美国每年平均生产 468 亿个带壳鸡蛋；
- 其中 230 万个鸡蛋中含有肠炎沙门氏菌；
- 这个结果导致了每年 661 663 人次生病，其中：

  94% 不治而愈

  5% 接受内科医生治疗

  0.5% 住院治疗

  0.05% 死亡

- 20%的人被认为是具有更高风险的：婴儿、老年人、器官移植病人、孕妇和具有某种疾病的人。

利用加利福尼亚洲的鸡蛋孵育数据预测到，在美国每年有 220 万个被肠炎沙门氏菌污染了的鸡蛋，这证明了该模型的结果是有效的。利用公众健康监测数据也证明了该模型的有效性。

由沙门氏菌志愿者试食试验(1930—1973)得出的β-泊松分布模型(见 3.3.6)估计了摄取 10^4 个沙门氏菌细胞发生感染的几率是 0.2(图 3.8)。由于感染剂量并不是导致疾病所必需的因素，因此感染的可能性要高于生病的可能性。这些数据是采用肠炎沙门氏菌以外的血清型菌试验得到的，因此不是完全合适的。Fazil 等(2000a)对此进行了进一步探讨，总结于 4.2.2。

蛋制品基准模型预测了感染肠炎沙门氏菌的可能性较低，因为任何感染都是由于食用了巴氏杀菌蛋制品所致。然而，目前 FSIS 并未向大量生产蛋制品的生产企业就时间和温度规则方面提供充足的指导(表 4.2)。基于原产品中微生物数量、加工方式和最终产品用途的时间和温度标准，将为蛋制品的消费者提供更好的保护。

表 4.2　美国农业部(USDA)发布的 3 种蛋制品要求的最短时间和最低温度

液体蛋制品	最低温度要求		最短持续时间(min)
	℉	℃	
蛋白	134	56.7	3.5
	132	55.5	6.2
全蛋	140	60	3.5
蛋黄	142	61.1	3.5
	140	60	6.2

总人群生病的减少百分率的计算有两种假设，由带壳鸡蛋加工和销售模块中使用的操作不同而有区别。将所有的鸡蛋迅速冷却至内部温度达到 7.2℃(45℉)，然后一直保持在这个温度，这样处理会使人的生病率降低 12%，而在整个带壳鸡蛋加工和销售过程中使鸡蛋保持在 7.2℃的环境中(如空气)，人的生病率就会降低 8%。

4.2.2　肉仔鸡和鸡蛋中沙门氏菌的危害识别和危害特性

由 JEMRA 报告草案命名的“肉仔鸡和鸡蛋中沙门氏菌的危害识别和危害特性”(Fazil *et al*.，2000a)包括了宽泛的信息(与其他 JEMRA 报告一样)，此报告可以从网上下载(见网址目录中 URL 的网址，这篇报告有 110 页)。报告的第一部分描述了公众健康结果、病原菌特征描述、宿主特征描述和影响沙门氏菌在人体肠道内的生存与食品相关的因素(表 2.4)。第二部分总结了沙门氏菌的 3 种剂量-反应模型，并将模型结果与 33 组疾病暴发的数据进行了对比(见 3.3.6)。针对易感人群和普通人群，在可能的情况下描述了剂量-反应的差别。

Fazil 等(2000a)总结的 3 种剂量-反应模型如下：

(1)FSIS 发布的鸡蛋中肠炎沙门氏菌模型，是 β-泊松分布模型，它是借助痢疾杆菌(*Sb. dysenteriae*)试食研究得到的。试食试验中以生病作为生物学终点。

(2)加拿大卫生部模型(未出版，由 Ebel 等引用(2000))是以韦布函数为基础的，它来自几种不同病原菌的人体试食试验和 2 次沙门氏菌病暴发的数据(Paoli 未公开发表的报告，Ross 未公开发表的报告)。

(3)β-泊松分布模型(beta-Poisson model)是由囚犯试食研究数据得来(McCullough & Eisele，1951a～c)。

在 McCullough 和 Eisele 的试食试验数据中采用了鸭沙门氏菌(*S.* Anatum)、巴罗利沙门氏菌(*S.* Bareilly)、德尔卑沙门氏菌(*S.* Derby)、火鸡沙门氏菌(*S.* Meleagridis)和牛波特沙门氏菌(*S.* Newport)这 5 株菌，见图 4.2。针对接受多重剂量并可能由此获得免疫力的目标，Fazil 等(2000a)对数据进行了修正，同时也得到了合适的β-泊松分布模型(beta-Poisson model)。

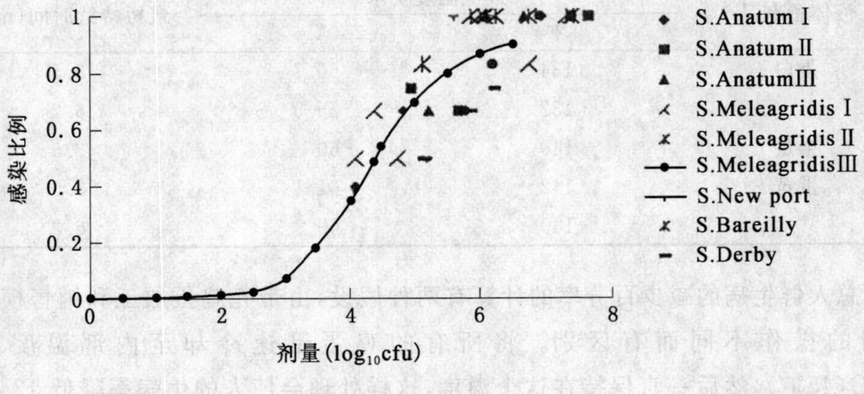

图 4.2　不同沙门氏菌血清型菌的志愿者试食试验结果

(Fazil 等(2000a)利用 McCullough 和 Eisele(1951a～c)的数据得到的)

Fazil 等(2000a)对 FSIS(1998)和加拿大卫生部(Health Canada)(未发表)流行病学模型进行了细分,分为普通人群和易感人群,见图 4.3。图 4.2 中 β-泊松分布模型作为对照也列在了图 4.3 中。

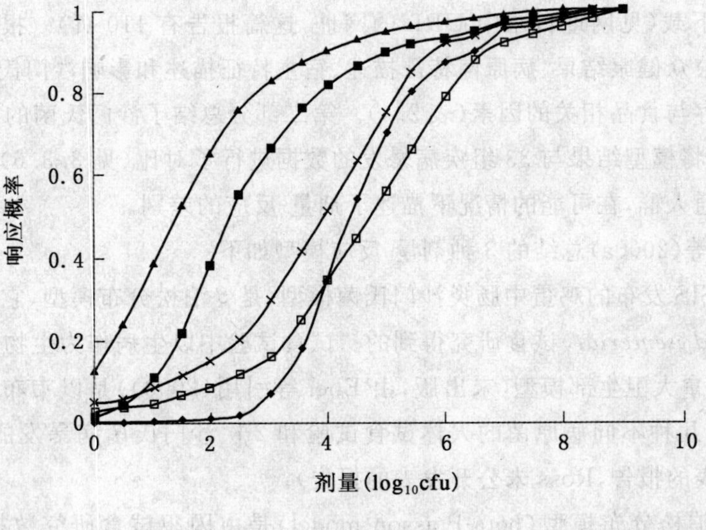

图 4.3　FSIS(1998)和加拿大卫生部流行病学模型(Fazil *et al.*,2000a)

加拿大卫生部:□ 普通人群;⋇ 易感人群

FSIS:■ 一般人群;▲ 易感人群;◆ Naïve β-泊松(图 4.2)

Fazil 等(2000a)将 33 例沙门氏菌病暴发的数据进行了编纂,并将其与之前的剂量-效应曲线进行了比较研究。比较时采用了日本经过大规模调研的数据(大于

750 餐/d 或大于 300 道菜/菜单)。调查时每餐/道菜保留 50 g 食物,将其保存在 −20℃至少 2 周,以便疾病发生时可以检查相应的食物。肠炎沙门氏菌是造成沙门氏菌食品污染的主要原因,主要引起沙门氏菌病暴发的也是这种血清型菌,这与大量血清型菌参加试食试验的数据形成了对照。沙门氏菌病的数据见图 4.4,该数据与前面描述的 3 个模型相符,但是没有一个模型可适用于整个剂量范围的疾病暴发数据。尤其是 Naïve β-泊松分布模型低估了疾病的发生率。

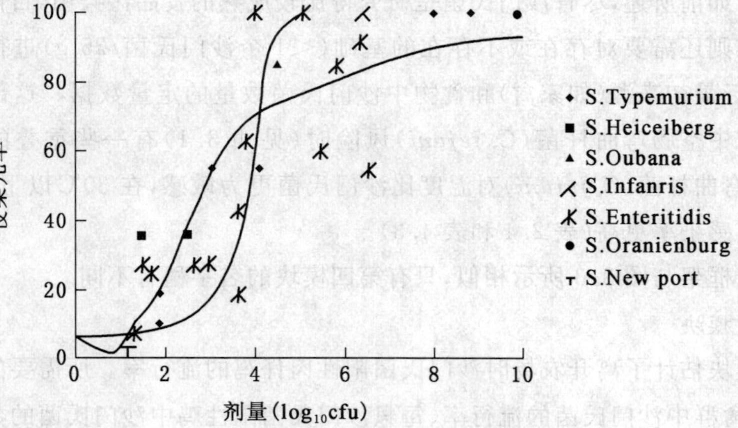

图 4.4 疾病发作的剂量-效应曲线(Fazil et al.,(2000a))

总的来说,5 岁以下的儿童在摄入同样剂量的情况下发病几率约是普通人的 1.8~2.3 倍。没有证据表明在同样摄入剂量的情况下,肠炎沙门氏菌比其他的血清型菌更具感染性,因此一般的剂量-效应模型都可以应用于所有非伤寒和非副伤寒沙门氏菌。这份报告未考虑二次传播、慢性后遗症,如反应性关节炎以及食品基质的影响。

4.2.3 鸡蛋中肠炎沙门氏菌(*S*. Enteritidis)的暴露量评估

Ebel 等(2000)发表了鸡蛋中肠炎沙门氏菌的暴露量评估,尽管这篇文章可以从网上下载,但在其原稿 119 页的每一页上都注明了:禁止引用,因而没有数据可被重新利用。不过,这份文件还是比较了前 3 个暴露评估:

(1)FSIS(1998);

(2)Whiting & Buchanan(1997);

(3) 加拿大卫生部(未发表)。

前两个模型已经公开发表,可用于评估"农田—餐桌"过程中肠炎沙门氏菌的流行率和数量的变化,如图 3.3 所示。

4.2.4 肉仔鸡中沙门氏菌的暴露评估

Kelly 等(2000)发表了至今关于肉仔鸡中沙门氏菌的最完整的暴露评估，包括了新鲜、冷冻和深加工的产品。这份报告长达 104 页，包括了宽泛的文献综述，可以从网上下载(见网址目录)。

这份报告为今后的风险评估提供了一个模型框架，并强调了当前已有信息的局限性。如前所述，尽管沙门氏菌是研究得比较成熟的食品污染菌，目前已认可的微生物准则还需要对存在或不存在的基础(<1 个沙门氏菌/25 g)进行计数。因而，还缺乏最初来源(如家禽)和食物中沙门氏菌数量的定量数据。这部分与评估新鲜鸡肉中空肠弯曲杆菌(*C. jejuni*)风险时(见 4.3.1)有一些重叠的部分。然而，空肠弯曲杆菌(*C. jejuni*)对温度比沙门氏菌更为敏感，在 30℃以下不生长，但据报道其感染率更高(表 2.4 和表 4.3)。

这个框架与图 3.3 所示相似，只有第四模块的名字稍有不同。

生产模块

此模块估计了离开农场时沙门氏菌阳性肉仔鸡的流行率。所需要的数据包括感染源、禽群中沙门氏菌的流行率、每只沙门氏菌阳性鸡中沙门氏菌的数量以及采样方法(见 3.3.7，剂量估计)。各种不同的流行病学和农场管理因素会影响这些数值。目前关于每只鸟禽中沙门氏菌数量的定量数据很少。

运输和加工模块

此模块的最终目的是估计加工后沙门氏菌的流行率和浓度，因而需要估计加工过程中每一个环节沙门氏菌的流行率和浓度(参见 *C. jejuni*，4.3.1)，运输和加工过程中交叉污染的估计也需要包括在内。目前此方面的数据甚少(Christensen *et al.*，2001，见 4.3.3)。

零售和储藏模块

此模块估计了加工和消费者准备过程中沙门氏菌的流行率和浓度的变化。为便于估计病原菌的生长和持续时间，需要确定当温度有利于微生物在被污染肉上繁殖的时期。在这个模块中，零售者和消费者都可能使用不恰当的温度。今后的研究需要加强这个模块(见 2.7)以便建立预测微生物学模型。

制作模块

此模块考虑了具有交叉污染的制作过程中沙门氏菌数量的变化。改进的预测模型需考虑受污染的冷冻动物胴体的融化过程(热作用方面)和烹饪过程中的死亡率(*D* 值)(见 2.5.4，图 2.5)。该模块得出了对受污染产品中沙门氏菌的流行率和摄入沙门氏菌细胞数量的估计。

消费方式模块

此模块需要消费者的信息，包括年龄、性别、免疫情况及与年龄、国家有关的行为。大多数有效信息都是以"每天的平均消费量"为基础的，但未描述消费的规模和频率。该模块还估计了不同亚人群(如普通人群和易感人群)的摄入量，这个结果与制作模块得出的结果结合起来就可以得到一个完整的暴露量估计。

通过剂量-效应分析危害特性，暴露量估计可以用于确定感染率和发病率(见3.3.6)。

4.2.5 熟制鸡肉中的沙门氏菌

Buchanan 和 Whiting(1996)发表了一个关于熟制鸡肉中沙门氏菌的三阶段风险评估的例子。这个早期研究没有遵循食品法典的方法，但是它运用了预测微生物学。此产品的工艺是：原料肉在10℃存放48 h，然后进行60℃ 3 min的烹制，在食用之前再在10℃存放72 h。10℃的储藏温度是微生物生长的"危险地带"，代表着轻度的温度滥用。

第一阶段：烹制之前原料鸡肉中沙门氏菌的数量

原料鸡肉中沙门氏菌细胞数量不同，预期的污染水平见图4.5，其污染程度不同，从75%的样品中没有沙门氏菌到1%样品中每克鸡肉含有100个沙门氏菌细胞。假定肉的pH值为7.0，NaCl含量为0.5%，烹制之前于10℃储藏48 h过程中沙门氏菌的生长数量可由生长模型得到(见2.7)

第二阶段：烹饪(60℃，3 min)对鸡肉中沙门氏菌数量的影响

60℃的热力致死时间(D值)是0.4 min，热处理对沙门氏菌数量的影响可由以下方程计算：

$$\log(N)=\log(N_0)-(t/D)$$

式中：N表示热处理后微生物数量(cfu/g)；N_0表示初始微生物数量(cfu/g)；D表示热力致死时间(log(cfu/g)/min)；t表示热处理时间(min)。

值得注意的是，为简化估计，没有考虑将温度升高到60℃的过程和烹饪后冷却过程对沙门氏菌数量的影响。这个方程给出了烹饪之后存活的沙门氏菌数量，方程适用于7倍热力致死时间以内的计算。

第三阶段：食用之前，鸡肉10℃储藏72 h后沙门氏菌细胞的数量

与前面一样，由第一阶段预测的沙门氏菌的生长曲线可估计储藏后食用前熟制鸡肉中微生物的数量。

通过确定每个初始人群沙门氏菌的水平和后续生长情况，可以估计特定消费人群可能摄入沙门氏菌的数量。在这个例子中，1%的鸡肉样品中每克含有100个沙门氏菌细胞，则感染的几率(P_i)为4.1×10^{-8}/g食用的食物(见3.3.6对P_i的

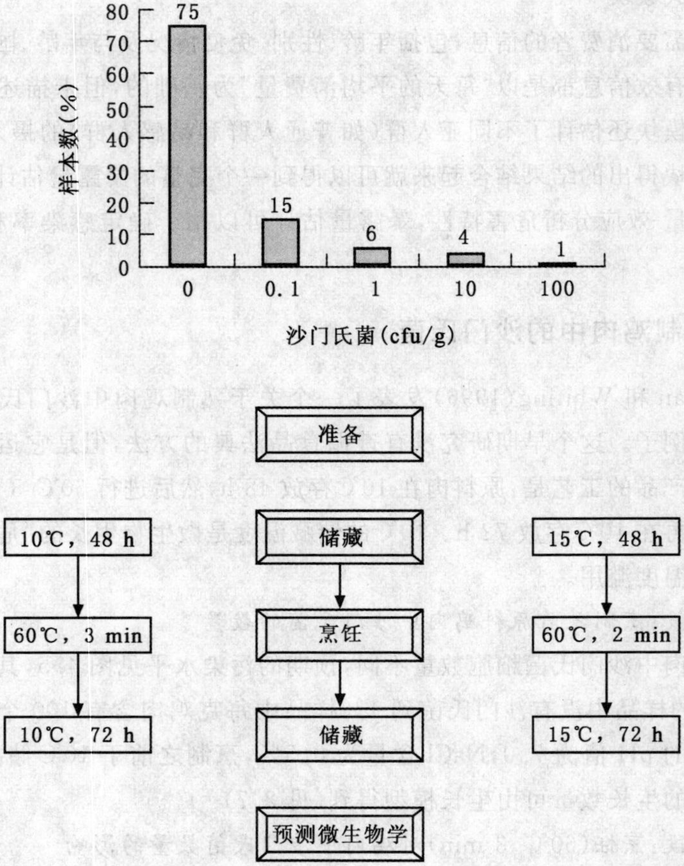

沙门氏菌(%)					
	安全过程				
	75	15	6	4	1
P_i	0	8.8×10^{-11}	6.5×10^{-10}	5.1×10^{-11}	4.1×10^{-8}
	温度滥用				
	75	15	6	4	1
P_i	0	1.1×10^{-1}	4.1×10^{-1}	7.0×10^{-1}	8.6×10^{-1}

图 4.5　温度使用不当时每克熟制鸡肉中沙门氏菌感染的概率

(Buchanan & Whiting, 1996)

解释)，这就意味着每 10 kg 食品中存活的细胞少于 1 个，因此在这种储藏条件下，熟制鸡肉的沙门氏菌风险是最小的。

上述例子可作为一个模板来使用，可确定改变烹饪方式和储藏条件带来的影响。例如，升高初始温度至 15℃，降低烹饪时间至 2 min，就会使 P_i 上升至不可接受的程度(图 4.5,右侧)。

4.2.6 熟制肉饼中的沙门氏菌

Whiting(1997)发表了一篇关于熟制肉饼中沙门氏菌的早期微生物风险评估，包括以下 5 个步骤。

(1)初始分布

初始的微生物载量从已公布的数据(Surkiewicz *et al*.,1969)中得到,3.5%的样品中存在沙门氏菌,且含量高于 0.44 cfu/g(图 4.6)。

(2)储藏

选择在 21℃储藏 5 h,生长率由沙门氏菌模型预测得到(Gibson *et al*.,1998)。

(3)烹饪

用已发表的 *D* 值来确定热处理 60℃,6 min 带来的影响。

(4)消费

假定消费一份典型的食物 100 g。

(5)确定感染剂量

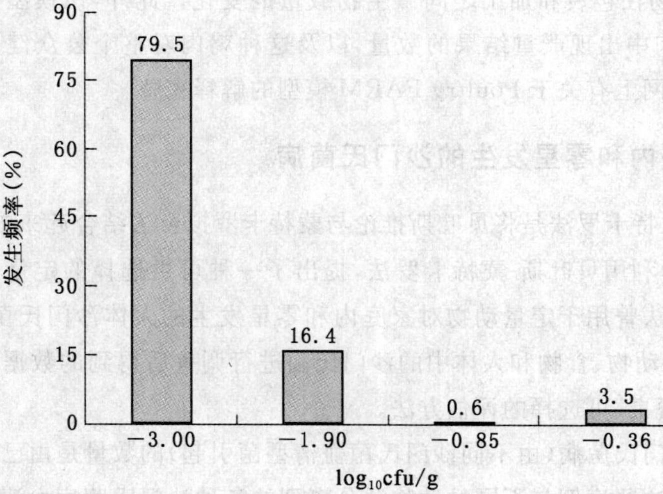

图 4.6 家禽肉馅饼中沙门氏菌的存在频率(Whiting,1997)

这个模型计算了一个沙门氏菌细胞成为感染剂量的平均概率为 $10^{-4.6}$(表 4.3)。然而由于少量的初始样品感染了高浓度的沙门氏菌,使得预测的 3%会带来高于 10^{-3}的风险。模型的用处在于可确定改变变量带来的影响,如烹饪温度变为 61℃可以将平均概率降低 $10^{-7.4}$。

表 4.3 熟制肉饼中的沙门氏菌风险评估模型(Whiting,1997)

阶段	统计数据
初始分布	−2.7 log cfu/g
储藏(21℃,5h)	0.17 log cfu/g
熟制(60℃,6min)	−4.42 log cfu/g
消费(100 g)	−2.42 log cfu/g
感染剂量(概率)	$10^{-4.6}$

Whiting(1997)采用的方法与 Miller 等应用于单核细胞增生李斯特菌(*L. monocytogenes*)(见 4.4.2)的方法十分相似。

4.2.7 家禽 FARM

鸡肉中沙门氏菌和空肠弯曲杆菌(*C. jejuni*)感染的一系列预测模型称为“家禽食品风险评估模型”(Poultry FARM),可从网上下载(见网址目录)。这些模型是借助@RISK™(Palisade 公司)和 Excel™(Microsoft)电子数据表来预测 100 000 份鸡肉食物在包装和加工之间微生物载量的变化。此外,该模型还预测了每 100 000 份鸡肉中出现严重结果的数量,以及这种鸡肉对整个公众健康带来的影响情况。因特网上有关于 Poultry FARM 模型的解释完整。

4.2.8 家庭内和零星发生的沙门氏菌病

贝叶斯-蒙特卡罗法是将贝叶斯推论与蒙特卡罗拟合法结合起来的一种方法。Hald 等(2001)利用贝叶斯-蒙特卡罗法,提出了一种可供选择的定量风险评估方法。该评估方法曾用于定量动物对家庭内和零星发生的人体沙门氏菌病的作用。1999 年丹麦对动物、食物和人体中的沙门氏菌进行调查后得到的数据证明这种方法是“农田—餐桌”可选择的评估方法。

家庭内沙门氏菌病(由不同沙门氏菌血清型菌引起)的数量是由已登记的病例数估计得到。这些病例与不同的动物源分离到的各种沙门氏菌病血清型菌的流行率进行比较,并根据消费方式和特定的食品来源与一定的沙门氏菌血清型菌的联系进行衡量。借助类泊松函数,依据不同类型食品中沙门氏菌的流行率和摄入量的数据信息,可实现对实际人类感染情况的观察。方程如下:

$$\lambda_{ij} = M_j \times P_{ij} \times q_i \times a_j \times (\text{non-se})$$

式中:λ_{ij} 表示每年由 j 源中 i 型菌引发感染的预期数量;M_j 表示每年 j 源的消费量;P_{ij} 表示 j 源中 i 型菌的流行率;q_i 表示 i 型菌细菌依赖性因素;a_j 表示 j 源的食源依赖性因素;non-se 表示污染鸡蛋的血清型菌不是肠炎沙门氏菌;不然

non-se 就是相同的。

贝叶斯-蒙特卡罗技术随后被用于确定由食物引起感染的分布，由其估计得到的重要食物来源有：鸡蛋(54%)，猪肉(9%)和家禽(8%)，在原文(Hald *et al.*，2001)中有更为完整的数学计算。

4.3 空肠弯曲杆菌(*Campylobacter jejuni*)和大肠弯曲杆菌(*C. coli*)

来源：

- 牲畜：猪、牛、羊；
- 家养动物：猫、狗；
- 家禽；
- 生鲜乳；
- 污染水。

控制方法：

- 热处理(巴氏杀菌/灭菌)；
- 卫生的屠宰和加工过程；
- 防止交叉污染；
- 良好的个人卫生；
- 水处理。

弯曲杆菌是革兰氏阴性，微需氧菌，然而对氧气的耐受能力取决于不同菌株的不同种。弯曲杆菌属中2个主要菌种会导致食品的腐败，其中多数的疾病发作是由空肠弯曲杆菌(*C. jejuni*)引起，占89%～93%，大肠弯曲杆菌(*C. coli*)占7%～10%，而乌普萨拉弯曲杆菌(*C. upsaliensis*)和红嘴鸥弯曲杆菌(*C. lari*)仅偶尔发生。弯曲杆菌会生长于家禽、牛、猪、羊、啮齿动物和鸟类(Skirrow，1991)，污染途径包括污水、牛乳和肉(表1.2)。家禽是传染性弯曲杆菌的最大潜在来源，因此许多零星发生的感染都与不正确的家禽食品制作或食用了处理不当的家禽产品有关。空肠弯曲菌引起的疾病并不普遍，但是它的发生与食用了生鲜乳或未经氯消毒的水有关。弯曲杆菌菌种的直接计数是不可能实现的，通常将加工食品中少量的微生物进行富集后再计数。

该属细菌在室温下不繁殖(最低生长温度为30℃，表2.4)。空肠弯曲杆菌和大肠弯曲杆菌尽管在冷藏的条件下可以存在，但在冷藏食品中不繁殖。然而，根据报道其感染剂量低为500个细胞(见3.3.6)，这意味着从生鲜肉到加工肉的过程中很容易导致交叉污染，这可能是在许多国家弯曲杆菌比沙门氏菌引起的胃肠炎更多的原因。弯曲杆菌肠炎的暴发具有明显的季节性，在夏季的几个月可达到最高的发病率。空肠弯曲杆菌（*C. jejuni*）的温度、pH 值、水分活度、生长范围和 *D* 值见表 2.4。在压力条件下，空肠弯曲杆菌（*C. jejuni*）可能变为所谓的"可存活不可培养"（VNC）形式，因而用标准实验技术无法将其检出。

据报道，该菌对环丙沙星（一种重要的医学抗生素）的抗性在增强，这可能是由于在家禽饲养中使用的一种与环丙沙星结构相关的（氟喹诺酮类）兽药抗生素恩诺沙星所致（见 1.3）。

弯曲杆菌肠炎的特征描述如下：

- 类似流感的疾病；
- 腹痛；
- 发烧；
- 腹泻，可能产生大量水样和频繁腹泻，或出现血性腹泻。

该病的潜伏期为 2～10 d，病症持续大约 1 周，且通常可以自愈，在 20%的病例中，症状持续 1～3 周。症状消失后的几周内，病人的粪便中会排出这种微生物，25%的病例会复发。关于弯曲杆菌的毒性因子尚无统一意见。目前弯曲杆菌被认为是唯一可证明与格林-巴利综合征（GBS）的发展相关的细菌。

小儿麻痹症在世界上许多地方消失后，格林-巴利综合征（GBS）已成为急性弛缓性麻痹病（Allos，1998）的主要原因。GBS 是脆弱的周围神经系统自体免疫的错乱，经过几天或者更长时间的发展形成的，通常对称发生。GBS 是世界性的疾病，是神经肌肉瘫痪最普遍的原因。弯曲杆菌肠炎与几种 GBS 致病形式有关，包括脱髓鞘（急性炎症脱髓鞘多发性神经病）和轴索（急性运动性轴索型格林-巴利神经病）两种形式。美国每年有 2 628～9 575 例 GBS 病症，其中就有 526～3 830 例是由弯曲杆菌感染引起的。通常在神经性症状出现前 1～3 周会出现胃肠炎症状。GBS 病的发生和以宿主免疫系统为目标的周围神经病由两个重要因素决定，不同的弯曲杆菌菌种和宿主因素。GBS 症的产生很可能是由于受空肠弯曲杆菌（*C. jejuni*）O 19（尽管其他的血清型菌也可能参与）感染后，人体对周围神经的神经节苷脂 GM1 发生的自体免疫反应，这是因为周围神经可能与空肠弯曲杆菌（*C. jejuni*）的表面抗原（分子拟态）共享抗原决定基因。细胞质可能促发发炎过程，并导致神经性脱髓鞘。此外，补充物在神经损伤的过程中起一定作用，它会使血液-神经屏障的渗透能力提高，从而导致了发炎。

除了下面的风险评估例子以外，剂量-效应曲线见第 3 章（图 3.9，表 3.9）和食品风险评估模型（FARM）见 4.2.7。

4.3.1　新鲜鸡肉中空肠弯曲杆菌(*C. jejuni*)的风险

Fazil 等(2000b)提出了一种新鲜鸡肉中空肠弯曲杆菌的风险定量模型,可以从网上下载(见网址目录)。该模型用一个略微不同的风险评估框架确定了空肠弯曲杆菌在食物链(农田—餐桌)中的变化。这个框架包括危害鉴定、暴露评估、剂量-效应和风险特性,此模型被称为"过程风险模型"(*E. coli* O157:H7,见 4.5)。此研究的目的在于得到鸡肉产品的模型,更好地理解鸡肉加工工艺操作和鉴定加工过程中影响风险的重要步骤。因此本研究可产生一个帮助决策的"工具",以降低食源性病原菌给消费者带来的风险。本研究不包括 GBS 等长期疾病。

图 4.7 总结了鸡肉中空肠弯曲杆菌的食物链,且总结了从已发表的文献中得

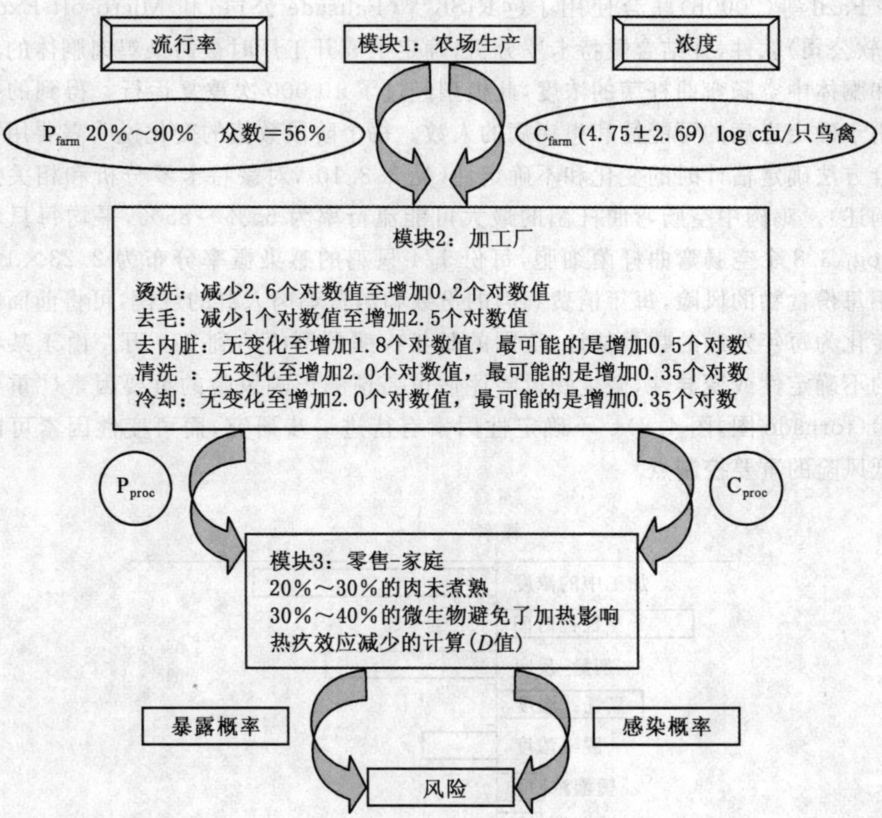

图 4.7　鸡肉中的空肠弯曲杆菌(Fazi *et al*.,2000b;图 3.3)

到的数据的变化,这可以与图 3.8 的框架模型作比较。弯曲杆菌进入此过程的流行率(P_F)也可以用 β-分布描述(众数=56%)。加工工艺对鸡肉中空肠弯曲杆菌的流行率和浓度由 5 个过程决定,即烫洗、去毛、去内脏、清洗和冷却。由于文献中

提到的不确定性，空肠弯曲杆菌的数量可能增加或减少。因为缺乏完整的信息，这里使用了给出最小、最大和最可能参数的三角分布（见 3.3.9，图 3.11）。依据研究成熟的微生物生理学，可得出这样的假定：加工之后，从加工厂到家庭的运输过程中，该菌不会繁殖。前面已经确定 20%～30%的鸡肉是尚未煮熟的，而由表 2.4 给出的该菌的温度敏感性，可推论知被污染的鸡肉中 30%～40%的空肠弯曲杆菌将出现在避免了直接加热的地方。已发表的 *D* 值被用做计算烹饪对空肠弯曲杆菌数量的影响，然后根据计算结果可以得到暴露概率和消费者可能摄入的剂量。再利用剂量-效应分析，就可以得出在给定摄入剂量下，消费者感染概率。Medem 等（1996）做出的剂量-效应分析见图 3.9（原始数据见表 3.9），该分析利用了 Black 等（1998）人体试食试验的数据。

Fazil 等（2000b）联合使用了@RISK™（Palisade 公司）和 Microsoft-Excel™（微软公司）软件，并结合蒙特卡罗分析，确定了离开工厂时被污染鸡肉胴体的流行率和胴体中空肠弯曲杆菌的浓度，此模型经过了 10 000 次重复运行。得到的数据也用于确定患病的可能性和患疾病的人数。每个阶段数值的变化说明需要用数学拟合方法确定估计时的变化和不确定性（见 3.3.10，对蒙特卡罗分析和相关主题的阐述）。鸡肉中空肠弯曲杆菌的最大可能流行率为 65%～85%，平均每只鸡中含 $\log_{10}3.8$ 个空肠弯曲杆菌细胞，每份 1/4 只鸡的感染概率分布为 2.23×10^{-4}。利用每份食物的风险，每年消费鸡肉的份数和消费鸡肉人群的规模，可将前面的数据转化为每年发病的数量估计，美国的每年疾病预测值达到 270 万。由于某些参数的不确定性或变异性，微生物风险评估也要预测影响风险的重要因素（“重要分析”）（tornado 图，图 4.8）。不确定性因素有待进一步研究，而可变性因素可能是降低风险的重要控制点。

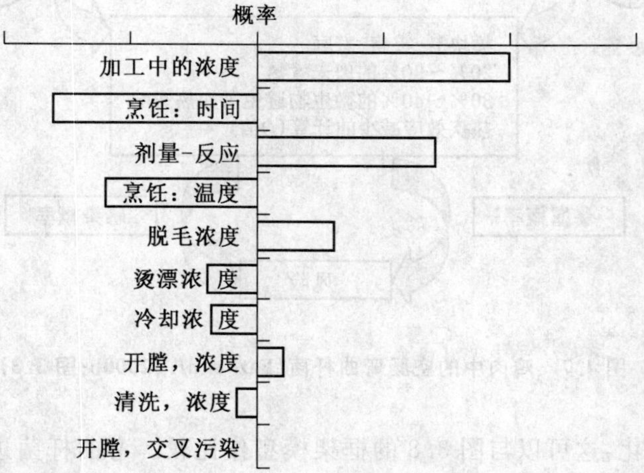

图 4.8　空肠弯曲杆菌重要性分析

4.3.2 丹麦弯曲杆菌病原菌种的风险模式

1998年丹麦兽医和食品监督局开始对空肠弯曲杆菌风险模式进行了整理。后来该研究被用于肉仔鸡中空肠弯曲杆菌导致的人体生病的风险评估(Christensen *et al.*,2001,见4.3.3)。该研究对丹麦大范围研究所得的信息进行了整理,结果总结如下及4.3.3部分,它阐明了一个特定国家的微生物风险评估。开展这项工作的部分原因是政府为了降低诸如家禽中弯曲杆菌之类的病原菌流行率的一般做法。荷兰政府宣称其家禽中弯曲杆菌的流行率已降低至零,即完全消除。然而荷兰牲畜、肉、蛋产品委员会只提出了一个降低家禽肉中弯曲杆菌的流行率低于胴体15%的计划。

丹麦每100 000个人中弯曲杆菌胃肠炎病发报道的有50例,但据估计每年实际有20倍以上的病例数未报道(Christensen *et al.*,2001)。在丹麦零星发生的病例数在夏季的几个月到达高峰期,然而疾病暴发在5和10月份达到最高点。10～19岁人群中这种疾病的发生更为流行。丹麦一个针对零星发生的弯曲杆菌病食源性风险因子的案例——控制调查涵盖了227个病例和250个控制人员(1996.5—1997.9)。依据已建立的风险因子,可确定大约50%人体病例的病源:5%～8%食用了未完全煮熟的家禽,15%～20%食用了烤肉,5%～8%饮用了被污染的水和15%～20%由出国旅行所致。

Christensen等(2001)研究农产动物,猪、牛、肉仔鸡和火鸡中弯曲杆菌的发生率,其中猪肉浆样品中大肠弯曲杆菌和空肠弯曲杆菌分别为95%和0.3%,研究发现66%的猪肉胴体在冷冻前有弯曲杆菌,而冷冻后仅有14%含有该菌;牛中弯曲杆菌的流行率为51%,其中最频繁分离到的菌种是空肠弯曲杆菌;肉仔鸡中弯曲杆菌的流行率是37%,且带有明显的季节性,夏季为频发季节,最频繁分离到的菌种也是空肠弯曲杆菌;火鸡中含弯曲杆菌的情况与鸡类似,比起牛肉和猪肉(占1%样品感染)弯曲杆菌更容易出现在新鲜家禽中(20%～30%胴体感染)。

人体对弯曲杆菌的暴露不仅仅来源于食品,还来源于环境(如洗澡水)、野生动物和宠物。小于5个月的狗的粪便样品中29%含有弯曲杆菌,21份分离物中有16份是空肠弯曲杆菌,而42份小于5个月的猫的粪便样品中有2份检出乌普萨拉弯曲杆菌(*C. upsaliensis*)。

继续进行的研究包括确定环境(如私人水井、洗澡水)和未经巴氏杀菌乳中弯曲杆菌的流行率,"可存活不可培养形式"的发病率和重要性,剂量-反应关系,人群的确切发病率及慢性后遗症的重要性。Christensen等(2001)的研究为开展4.3.3标题所示肉仔鸡中空肠弯曲杆菌的风险评估提供了数据。

4.3.3 肉仔鸡中空肠弯曲杆菌(*C. jejuni*)的风险评估

如前所述,丹麦兽医和食品监督局提出的空肠弯曲杆菌的风险特点,随后被用于肉仔鸡中空肠弯曲杆菌的风险评估。评估模型从空肠弯曲杆菌在禽群中的流行率和放血之后的浓度出发，包括两个模块：①屠宰和加工；②制作和消费。污染和未污染的禽群之间的交叉污染已建立模型，而禽群内的交叉污染尚未建模。

模型估计了每个模块中的空肠弯曲杆菌的流行率和浓度，且用于描述剂量-效应及与相关联的感染概率和疾病概率的关系。与冷藏鸡肉和冷冻鸡肉有关的发病概率分别为每 6 000 份鸡肉中 1 例和每 26 000 份鸡肉中 1 例。这个数据可与 1999 年丹麦弯曲杆菌肠炎病例的登记数相比较(图 4.9)。

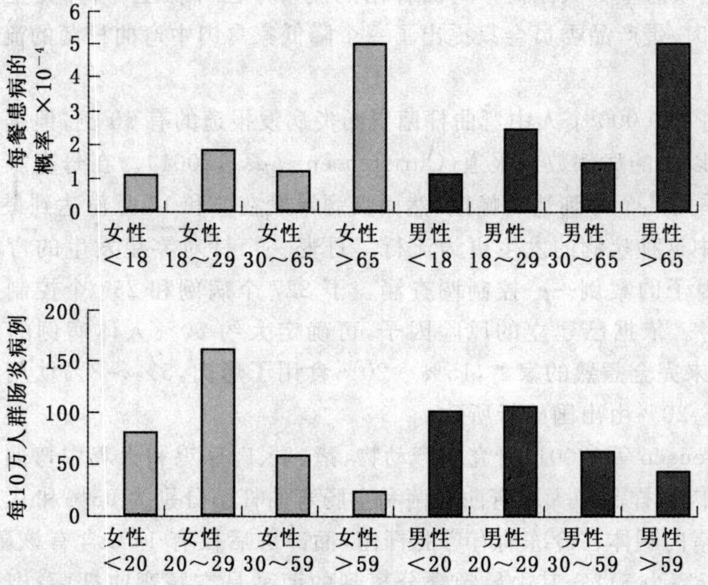

图 4.9 丹麦疾病和弯曲杆菌肠炎的发病率(Christensen *et al.*, 2001)

与前面一样，风险评估使采用降低风险的措施带来的影响变得可以预测。在这个案例中，采取以下措施可将人体生病数降低 25 倍。

(1)将肉仔鸡中空肠弯曲杆菌的浓度降低 100 倍(如从 1 000 cfu/g 降至 10 cfu/g)；

(2)将禽群流行率降低 25 倍(如从 60%降至 2.4%)；

(3)在制备鸡肉的过程中将消费者行为的“安全性”提高 25 倍。

4.3.4 弯曲杆菌的氟喹诺酮类药物抗性

当今生产的抗菌剂大约有一半被用于人类医学，剩余的抗菌剂为了大规模的治疗感染性疾病，或为了促进猪和家禽的生长，许多被添加到可食动物的饲料中。人类医学以外的抗菌剂的使用越来越广，这已成为目前极受关注问题。具有抵抗重要医学抗生素的细菌在人体中的出现情况，已达到了令人担忧的程度(FDA, 1998)。

人类医学中抗菌剂抗性细菌比例不断上升的问题十分重要，这是由于过度使用和错用重要的医学抗菌剂。然而，一些新出现的抗生素抗性细菌可以传播至人，主要是通过肉和其他动物源食品，或直接与农场动物接触。食源性细菌沙门氏菌、弯曲杆菌和共生细菌肠球菌的这种情况已有报道。对环丙沙星（一种重要的医学氟喹诺酮类药物）的抵抗力上升与使用兽药抗生素恩诺沙星有关。恩诺沙星也是一种氟喹诺酮类药物，抵抗机制是通过可赋予细菌对环丙沙星交叉抵抗的 DNA 旋转酶实现。长期使用恩诺沙星会对自发变异的 DNA 旋转酶产生一种可选择的压力，而 DNA 旋转酶正是这两种抗生素的目标酶。

美国兽药中心（FDA，2000a）提出了由消费鸡肉感染，对氟喹诺酮类药物具有抵抗力的弯曲杆菌对人类健康影响的风险评估，并公布在网上（见网址目录，FDA）。该风险评估包括两个模型，一个是用 Excel™（Microsoft）得到，可以为一般人使用，另一个是用@RISK™（Palisade 公司）软件得到，可为决策者做调整，获得的风险值只与 1998 年的输入数据有关。

该模型总结于图 4.10，分为 5 个模块：

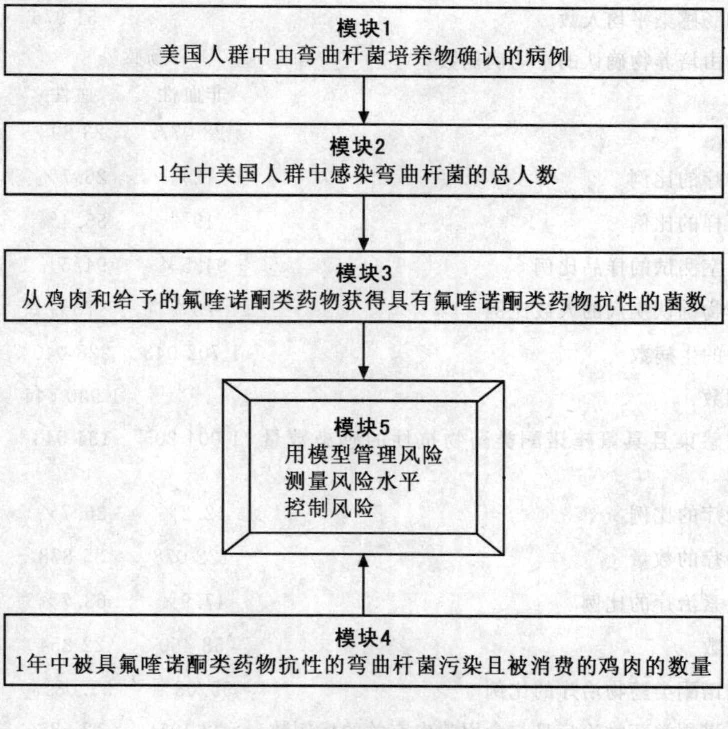

图 4.10　家禽中使用氟喹诺酮类药物的风险评估

（1）美国人群中由弯曲杆菌培养物确认的病例；

（2）1 年中美国人群中感染弯曲杆菌的总人数；

(3)从鸡肉和受管制的氟喹诺酮类药物获得具有氟喹诺酮类药物抗性的菌数；

(4)1年中被具氟喹诺酮类药物抗性的弯曲杆菌污染且被消费的鸡肉的数量；

(5)(i)用模型管理风险；

(ii)测量风险水平；

(iii)控制风险。

读者应该注意到笔者选用了"模块"，使读者更清楚，而原文中使用的是"部分"。风险评估的结果总结于表4.4。

表4.4 氟喹诺酮类药物对人体健康影响的风险评估(FDA,2000a)

模块	步骤	数值		
1	美国人口	270 298 524		
	集水地人口	20 723 982		
	食源性疾病主动监测网(FoodNet)观察到的入侵性病例	43		
	FoodNet 观察到的肠感染病例	3 985		
	估计的入侵感染平均人数	5 621		
	估计的肠感染平均人数	51 976		
	估计的由培养物确认的平均病例数	肠感染		入侵性感染
		非血性	血性	
		28 077	23 898	561
2	寻求治疗的比例	12%	26.7%	100%
	提供便样的比例	19%	55.4%	100%
	经实验室测试的样品比例	94.5%	94.5%	100%
	由培养物确认疾病的人数比例	75%	75%	100%
	人群中的生病数	1 702 043	228 040	561
	总病例数		1 930 644	
3	由鸡肉感染且具氟喹诺酮类药物抗性的感染数量(59%)	1 004 205	134 543	331
	寻求治疗的比例	12.2%	26.7%	100%
	寻求治疗的数量	122 078	35 878	331
	用抗生素治疗的比例	47.9%	63.7%	100%
	治疗人数	58 450	22 854	331
	用氟喹诺酮类药物治疗的比例	55.08%	55.08%	55.08%
	用氟喹诺酮类药物治疗且与食用鸡肉有关的病例数	32 195	12 588	182

续表 4.4

模块	步骤	数值		
	估计的由培养物确认的平均病例数	肠感染		入侵性感染
		非血性	血性	
	感染自鸡肉中具氟喹诺酮类药物抗性的弯曲杆菌的比例	10.4%		
	感染自鸡肉中的氟喹诺酮类药物抗性菌，接受氟喹诺酮类药物治疗的病例数	3 352	1 311	19
	感染自鸡肉中的氟喹诺酮类药物抗性菌，接受氟喹诺酮类药物治疗的总数	4 682		
4	弯曲杆菌的总流行率	88.1%		
	屠宰厂弯曲杆菌分离物中具氟喹诺酮类药物抗性的弯曲杆菌的流行率	11.8%		
	肉仔鸡胴体中具氟喹诺酮类药物抗性的弯曲杆菌估计流行率	10.4%		
	每人的鸡肉消费量	51.4 lb(23 kg)		
	美国总的消费量	1.39×10^{10} lb(6.3×10^{6} t)		
	美国含有具氟喹诺酮类药物抗性的弯曲杆菌的鸡肉总消费量	1.45×10^{9} lb(6.57×10^{5} t)		

模块 1 解释了从报告给美国传染性疾病监控中心由培养物确认的病例数，到美国总的由培养物确认的案例总数的推断过程，以及根据感染类型，入侵性和肠感染(是否有血性腹泻)，将该数字细分。

模块 2 由模块 1 得到的计算值来估计美国弯曲杆菌病例的预期总数，估计结果为每年有 192 万例(160 万～260 万，90%置信区间)。

模块 3 表明大约有 5 000 人(2 585～8 595，95%置信区间)是采用氟喹诺酮类药物治疗的，实际上他们正是由于食用了含氟喹诺酮类药物抗性菌空肠弯曲杆菌的鸡肉而受到了感染。

模块 4 估计 14.50 亿 lb(约 658 000 t)(9.67 亿～20 亿 lb(438 000～907 000 t)，90%置信区间)的被具有氟喹诺酮类药物抗性的空肠弯曲杆菌污染的无骨鸡肉被消费者消费。

模块 5 得到了最终的风险估计，对于美国的一般人来说，每 61 093 个人中只有 1 个受到使用氟喹诺酮类药物的影响，但对于目标亚人群来说(因有弯曲杆菌肠炎而寻求治疗，且处方中含有氟喹诺酮类药物的人)这个风险值升高至 1/30。

该模型可用于确定在发生不可接受人体健康影响之前，具氟喹诺酮类药物抗性的空肠弯曲杆菌(*C. jejuni*)的最大流行率。

4.4 单核细胞增生李斯特菌(*Listeria monocytogenes*)

来源：

- 土壤和蔬菜；
- 野生和家养动物：肉和乳；
- 受感染的人；
- 污水。

控制方法：

- 乳的热处理(巴氏杀菌，灭菌)；
- 避免交叉污染；
- 重新加热之前彻底的冷藏(有限时间)；
- 高风险人群(如孕妇)避免高风险产品(如生鲜乳)。

李斯特菌是革兰氏阳性，不产芽孢细菌，借助鞭毛具有运动性，生长温度范围0～42℃。它们对热比沙门氏菌更敏感，因此巴氏杀菌可有效杀灭该菌。该属分为8个种，其中单核细胞增生李斯特菌是最主要食品污染菌种，该菌还可以根据血清型进行的细分，具流行病学重要性的血清型有1/2a(15%～25%的病例)，1/2b(10%～35%的病例)和4b(37%～64%的病例)。血清型4b引起的疾病发作在孕妇病例中明显较多，而血清型1/2b普遍存在于非怀孕病例中(McLauchlin，1990a，b；Farber & Peterkin，1991)。健康成人发生感染后是典型的无症状，因而1%～10%的人可能是单核细胞增生李斯特菌的肠内携带者，这似乎是可信的。大多数被严重的李斯特菌病压垮的人是体内有一种具有压制T-细胞调节免疫的潜在条件。易感染的另一个因素是，随着年龄的增长胃酸降低，尤其是50岁以上的人，这也可以解释李斯特菌病的年龄分布情况(图4.11)。

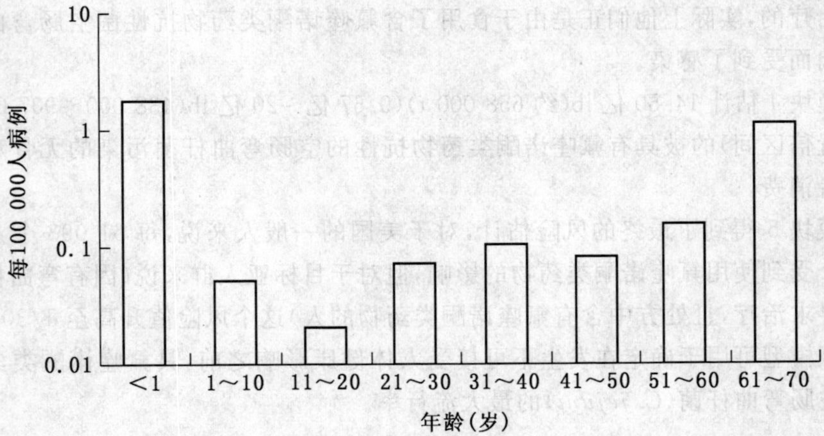

图4.11 不同年龄的李斯特菌病分布(Buchanan & Linqvist，2000)

李斯特菌无所不在，已知从不同的环境中都分离得到了该菌，包括腐烂的植物、土壤、动物饲料、污水和水。在食品中也广泛的存在该菌，包括原料和加工的，在其储藏过程中李斯特菌可以存活并迅速繁殖（表 1.2）。此类食物包括巴氏杀菌乳和奶酪（尤其是软成熟种类），肉（包括家禽）和肉制品，生鲜蔬菜，发酵型生鲜肉香肠及海产品和鱼肉制品。单核细胞增生李斯特菌的生命力很强，它对冷冻干燥和热作用等有害影响的抵抗能力是一般非芽孢菌所不具备的，它可以在 8℃以下生长，因此可以在冷藏食品中繁殖。

机遇性感染主要由单核细胞增生李斯特菌引起，它首先会影响免疫系统比较脆弱的个体，包括孕妇、新生儿和老年人。当从人体血液、脑髓液或另一个无菌处，如胎盘或胎儿，分离到该菌时就可以确诊为李斯特菌病。

李斯特菌病的症状如下：

- 脑膜炎，脑炎或败血病；
- 孕妇若在怀孕的第二或第三个月被感染会引起流产、死胎或早产。

李斯特菌的感染剂量目前还不清楚，但应该与菌种和受害者的易感染程度有关。食品卫生法典委员会（CCFH）确定当每克食物中单核细胞增生李斯特菌少于 100 个时，消费者食用时是处于低风险。从感染自生鲜或巴氏杀菌乳的病例中可以知道，少于 1 000 个微生物就可以导致疾病的发生。虽然胃酸可以降低活细胞数，但是需要 15～30 min 的暴露时间才能将单核细胞增生李斯特菌的数量降低 5 个对数值。除此之外，若摄入少于 50 mL 液体，它们会很快通过胃，因为幽门肌不会引起感染，另一个影响胃中菌存活的因素是食品基质，尤其是脂肪原料的存在（图 3.7）。通过胃后可以存活的细胞会通过 M 细胞覆盖 PP 结，或者借助非专门的肠道细胞结构，沿肠道入侵，尤其是小肠。一旦该菌进入宿主的单核白血球、巨噬细胞或多形核中性粒细胞，它就具血源性（败血病），并可以生长。它在噬菌细胞中存在，这就使它可以进入大脑，也可能在孕妇体内从胎盘转移至胎儿。单核细胞增生李斯特菌的发病机理在于它可以在宿主的噬菌细胞中存活并繁殖，其潜伏期变化范围很广，为 1～90 d。李斯特菌病有很高的死亡率，若发生了李斯特菌脑膜炎，死亡率可达 70％，败血病死亡率达 50％，出生前后的婴儿感染后死亡率超过了 80％，而孕妇在怀孕期间受到感染后通常可以活下来。感染该菌后可能是没有症状的，而在感染者的粪便中会排出李斯特菌，因而大约 1％的粪便样品和 94％的污水样品都检出单核细胞增生李斯特菌阳性。

4.4.1 即食食品中李斯特菌的危害识别和危害特性

JEMRA（Buchanan & Lindquist，2000）发表了关于即食食品中李斯特菌的危害识别和危害特性的初步报告，作为微生物风险评估的一部分，其目标在于定量评价即食食品中由单核细胞增生李斯特菌引起的有害健康的特点，及评估剂量级数与这类健康影响的频率之间的关系。

由 Buchanan 和 Lindquist (2000)撰写的全文是 2000 年 JEMRA 会议的一部分,可以从网上下载(见网址目录)。食品法典定义即食食品为在生鲜状态即可被自然消费的,或经过处理、加工、混合、熟制,亦或加工为一定形式,在自然消费之前不需要再加工的食品或饮料。

这份报告包含了宽泛的文献信息和大量的剂量-效应模型。由于缺乏人体试食试验和替代病原菌来确定感染剂量(见 3.3.6),报告采用了流行病学研究和动物模型数据,评估了大量具有不同终点(感染、疾病率和死亡率)的剂量-反应模型。尽管已知高度变化的反应是依赖于宿主、病原体和食品基质间的联合作用,但能最好地描述单核细胞增生李斯特菌和人体之间相互作用的剂量-效应关系还没有得到。因而几个多重剂量-反应模型被推荐用于开发风险评估,以死亡率和严重入侵性李斯特菌病建模的动物研究比模拟感染研究的结果更加接近人类疾病(见 3.3.6)。

本文总结回顾了选择的几个剂量-效应模型,见表 4.5,图 4.12 和图 4.13(鼠科动物模型),包括了感染频率(Gompertz-log 模型)和死亡率(指数模型)的剂量-效应模型。本文的 3.3.6 描述了这些数学模型。仅由流行病学数据得出的剂量-反应曲线,在比较了普通人群、新生儿和老年人的 FDA 模型后发现,特定的剂量下 FDA 模型响应介导概率较低(图 4.12)。这种差异的存在可能是因为 FDA 模型是以死亡率而非患病率为基础的,而其他模型是建立在使用高度致病的单核细胞增生李斯特菌的基础上的。严重的李斯特菌病的预测风险是死亡率的 5 倍。

表 4.5 单核细胞增生李斯特菌剂量-反应模型(Buchanan & Lindquist,2000)

模型/研究	生物学终点	模型/参数	评价
Buchanan *et al*. (1997)	严重的李斯特菌病 基于每年统计和食品调查的数据	指数的 $P_i=1.18\times10^{-10}$	基于免疫缺陷型个体 预测生病率$_{50}$ = 5.9×10^9 cfu
Lindquist & Westöö (2000)	严重的李斯特菌病 基于每年统计和食品调查的数据	指数的 $P_i=5.6\times10^{-10}$	基于免疫缺陷型个体 预测生病率$_{50}$ = 1.2×10^9 cfu
巧克力牛奶 Buchanan & Lindquist (2000)	发烧型胃肠炎 暴发数据	指数的 $P_i=5.8\times10^{-8}$	基于巧克力牛奶病发和限于免疫缺陷型个体
Farber *et al*. (1996)	严重感染	Weibull-gamma=0.25 高风险=10^{11} $b=2.14$	50%人群感染的估计计量 高风险=4.8×10^5 cfu 低风险=4.8×10^7 cfu
黄油 Buchanan & Lindquist (2000) FDA (2001)	严重的李斯特菌病 暴发数据	指数的 $P_i=1.02\times10^{-5}$	芬兰免疫缺陷型个体病发数据 预测生病率$_{50}$ = 1.9×10^6 cfu

续表 4.5

模型/研究	生物学终点	模型/参数	评价
墨西哥风味奶酪 Buchanan & Lindquist (2000) FDA (2001)	发病率 暴发数据	指数的 $P_i = 3.7 \times 10^{-7}$	美国发病数 预测生病率$_{50}$ = 1.9×10^6 cfu
FDA-普通人群 FDA-出生儿 FDA-老年人 FDA (2001)	发病率 结合人体和替代动物(鼠科动物)数据 (Golnazarian *et al.*, 1989)	10^{12}剂量下5个模型的比较 P_i(普通人)$=8.5\times10^{-16}$ P_i(出生儿)$=5.0\times10^{-14}$ P_i(老年人)$=8.4\times10^{-15}$	Gompertz-log方程是适用于感染频率,而指数模型最适于死亡率

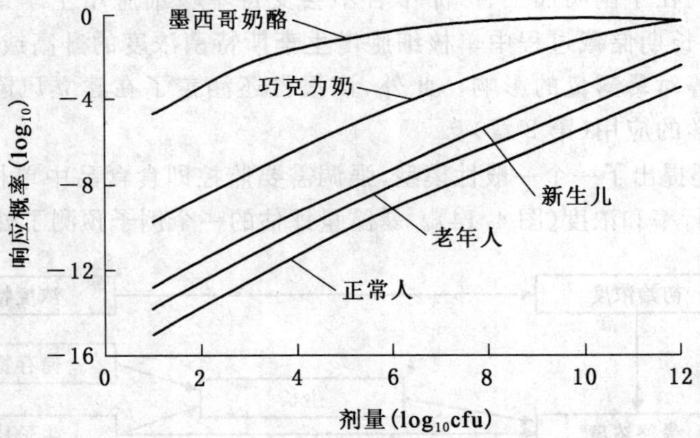

图 4.12 不同年龄段和不同来源的单核细胞增生李斯特菌剂量-效应曲线(Buchanan & Lindquist,2000)

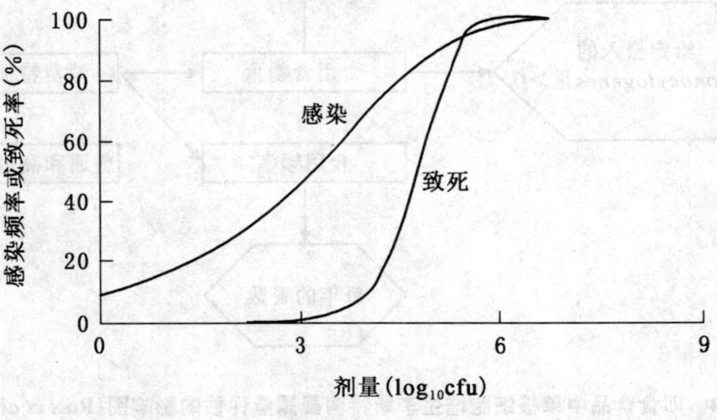

图 4.13 单核细胞增生李斯特菌对老鼠的试验得出的疾病和死亡的剂量-效应曲线(Buchanan & Lindquist,2000)

4.4.2 即食食品中单核细胞增生李斯特菌的暴露评估

JEMRA(Ross *et al*.,2000)发表了即食食品中单核细胞增生李斯特菌的暴露评估的初步报告(随后在更正李斯特菌风险评估拟合模型之前被撤回),作为不断发展的微生物风险评估项目的一部分(见 3.2.4)。此报告回顾了(宽泛地)目前相关的出版物,并进一步发展了单核细胞增生李斯特菌的暴露评估。除了回顾 11 个风险评估以外,该报告还给出了 7 个即食食品中暴露评估的新例子,建立了生鲜乳和非巴氏杀菌乳、冰激凌和塑模成熟的奶酪从零售到消费的模型,最低程度加工的蔬菜、烟熏鲑鱼和半发酵型肉从生产到消费过程也建立了模型。消费时单核细胞增生李斯特菌浓度为 100 cfu/g 时的风险与"零耐受"原则的影响进行了比对。这些例子的目的在于阐明加工、产品中含不会支持单核细胞增生李斯特菌生长的低水平污染、长期储藏过程中单核细胞增生李斯特菌浓度的升高或降低、消费频率和膳食量等对暴露量的影响。此外,该报告还涵盖了在建立风险评估模型中预测微生物学的应用(第 2 章)。

此报告还提出了一个一般性模型,强调需要监控即食食品中单核细胞增生李斯特菌 的流行率和浓度(图 4.14)。暴露量评估的一个例子预测了处于一般风险

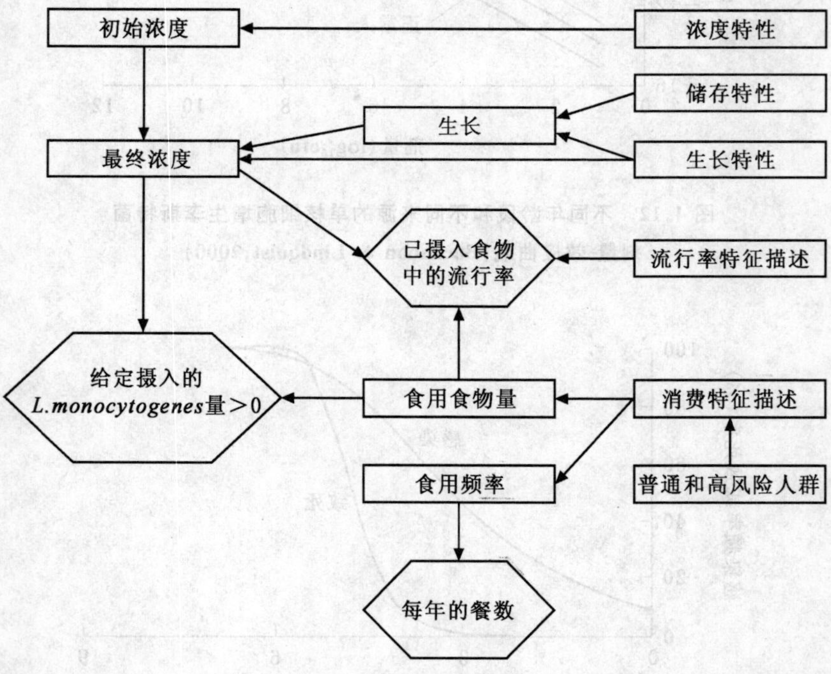

图 4.14 即食食品中单核细胞增生李斯特菌暴露量评估的影响图(Ross *et al*.,2000)

的消费者每年消费 4～22 份软干酪，处于高风险的消费者每年消费 3～17 份，在这些食物中估计 4%（中间值）是被污染了的。单核细胞增生李斯特菌暴露量评估问题（沙门氏菌血清型也存在相同的问题）在于目前的数据常常缺乏食品中微生物浓度的信息，这是由于官方实行的“零耐受”政策所致。实验室操作常因此被设计为只确定 25 g 样品中微生物是否存在。在消费时缺乏充分的食品中菌的发生率和流行率，这就意味着目前必须采用微生物学预测模型，而这些模型需要在具相似生态学和附加参数的产品中进一步验证。

“零耐受”政策并不说明它比其他没有那么严格要求的标准，如要求在每克食品中少于 100 个单核细胞增生李斯特菌细胞，能提供更高的公众健康水平。

4.4.3　被选择的即食食品中单核细胞增生李斯特菌的相对风险

2001 年 1 月，美国农业部发布了被选择的即食食品中单核细胞增生李斯特菌的相对风险的风险评估草案以便进一步的评论。该风险评估分为 3 个亚人群：出生前后（胎儿和出生 30 d 内的新生儿）、老年人和其他包括健康和易感的“中间年龄段”的人群。根据国际食品法典委员会（CAC 1999）的要求，该风险评估分为 4 类。剂量-反应关系以老鼠模型为基础（见 4.4）（Buchanan & Lindquist，2000）。此模型是以对抗感染时，老鼠的死亡作为终点的。选择 10^9 个单核细胞增生李斯特菌剂量来比较 3 个年龄组的反应。该模型预测了每 10 亿份食物（每份含 10^9 个单核细胞增生李斯特菌），最可能的死亡数如下：

- 中间年龄段，103：范围 1～1 190；
- 出生前后，14 000：范围 3 125～781 250；
- 老年人，332：范围 1～2 350。

模型中使用的数据的变异性和不确定性造成了结果大范围的跨度。风险特性采用了 300 次蒙特卡罗拟合（每个拟合 30 000 个重复）。基于每种食品在 1 亿份食物中李斯特菌病例预测数，该风险特性还对 20 种食品进行了相对风险排序，据预测，最高风险的即食食品有：砂锅肉酱、肉片、熏制海产品、新鲜软干酪、腊肠及一些购自熟菜店的食品。该暴露评估预测了 5 个影响消费者暴露于单核细胞增生李斯特菌的因素。

（1）食品消费的数量和频率；

（2）即食食品中单核细胞增生李斯特菌的频率和水平；

（3）冷藏中促使微生物生长的潜在因素；

（4）冷藏温度；

（5）消费前的冷藏时间。

4.4.4　欧盟贸易中的单核细胞增生李斯特菌

欧盟缺乏对单核细胞增生李斯特菌的统一参考值（除乳制品外）已经引起了争

议，尤其是在欧盟成员国进行贸易的过程中。缺乏微生物学参考值，导致了因为不能定量证明单核细胞增生李斯特菌污染定量（零耐受）的食品被认为是不适合人类消费的产品，因此欧盟对由微生物风险评估得到的食品安全目标已有需求和报道（Anon，1996）。

尽管人类李斯特菌病主要是由少数几个血清型菌（4b，1/2a 和 b）引起，据推论大量菌株也可能导致严重的疾病。此外，因为没有从非病原性菌中区分病原性菌和低毒性菌种的定型方法，所有的单核细胞增生李斯特菌都被认为具有潜在的致病性。

欧盟单核细胞增生李斯特菌风险评估产生了与微生物工艺控制相关联的 6 个食品组（表 4.6），产品的举例如下：

- B、D 组：肉制品，如熟制火腿、熏制猪肉肠、热熏鱼和巴氏杀菌乳制成的软干酪；
- C、E 组：冷烟熏或怀卵鱼和肉，非巴氏杀菌乳制成的奶酪；
- F 组：酒石，叶菜类蔬菜和芽甘蓝。

表 4.6 根据控制单核细胞增生李斯特菌单核细胞增生李斯特菌方法即食食品的分组

组	处 理
A	热处理至最终包装中检不出李斯特菌的食品
B	加热后进行处理的热处理产品。这类产品在特定的储藏温度下，货架期内单核细胞增生李斯特菌就可以生长
C	未经热处理的轻度保护产品。这类产品在特定的储藏温度下，货架期内单核细胞增生李斯特菌就可以生长
D	加热后进行处理的热处理产品。这类产品在一定的储藏温度下，在货架期内可以抵制单核细胞增生李斯特菌生长，保持稳定
E	未经热处理的轻度保护产品。这类产品在一定的储藏温度下，在货架期内可以抵制单核细胞增生李斯特菌生长，保持稳定
F	生鲜即食食品

B、C、D、E 组是根据采取的技术划分的。

消费时每克食品含 100 个单核细胞增生李斯特菌的浓度被认为对消费者是低风险的。然而，由于与这种风险相关的不确定因素，李斯特菌可能生长的食品中需要的大致菌数水平低于 100 个细胞/g。在食品中生长后，单核细胞增生李斯特菌的水平就会超过 100 cfu/g，因此风险管理应该集中于可以支持单核细胞增生李斯特菌生长的食品。

单核细胞增生李斯特菌的建议水平如下：

- D、E、F 组：整个货架期和消费时菌的含量应<100 cfu/g；
- A、B、C 组：生产时 25 g 样品中不得检出。

食品安全的目标应该是使食品中单核细胞增生李斯特菌的浓度低于 100 cfu/g,和显著减少部分单核细胞增生李斯特菌浓度高于 100 cfu/g 的食品。在风险交流中,应对处于风险上升的消费者群体(免疫缺陷型)给予特殊的关注,他们代表了总人群中大量且不断增加的群体。

4.4.5 肉丸子中的李斯特菌

Miller 等(1997)发表了肉丸子中单核细胞增生李斯特菌的定量风险评估用于确定 HACCP 操作的控制点。采用了“农田—餐桌”的方法,图 4.15 举例说明了这个过程。该风险评估采用了 1994 年美国人口调查中心的数据,用于确定普通人群中易感人群所占的比例(表 4.7),并结合调查数据和预测微生物学(病原菌模型程序,2.7.3;见网址目录),以及 D 值来模拟单核细胞增生李斯特菌数量的变化(表 2.4)。评估中还使用了实际致病阈值,每克约为 100 个单核细胞增生李斯特菌细胞。

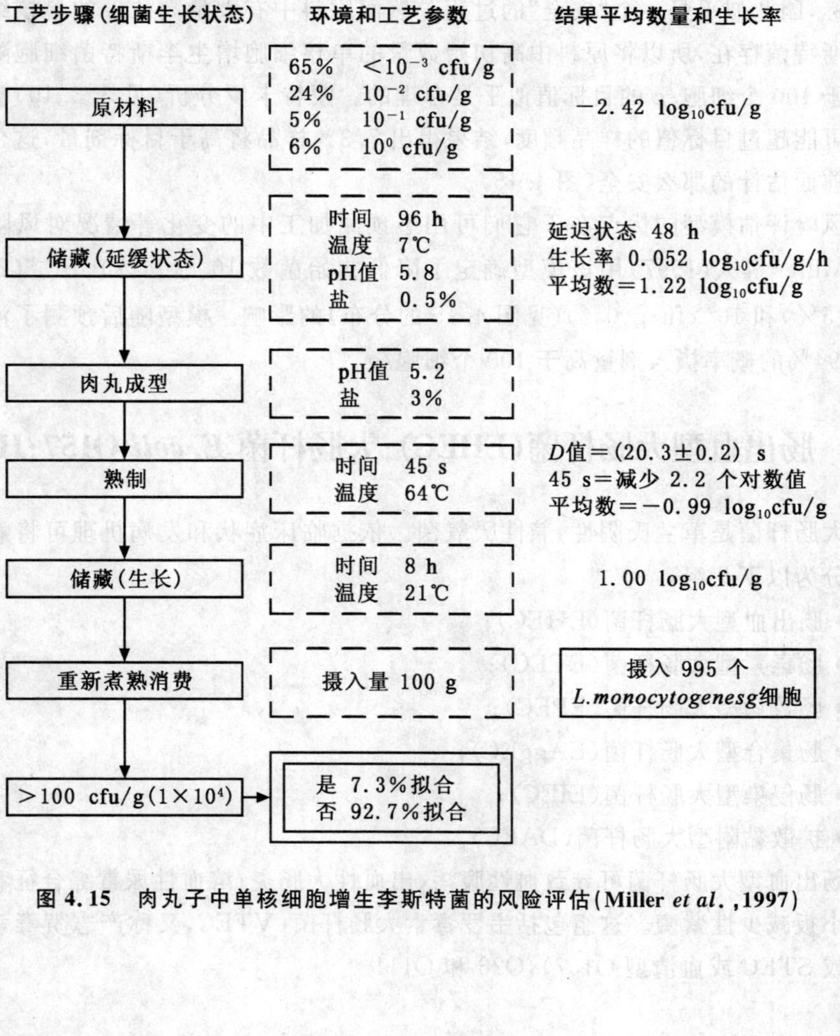

图 4.15 肉丸子中单核细胞增生李斯特菌的风险评估(Miller *et al.*,1997)

表 4.7 根据美国人群脆弱程度的分组分布(Miller *et al*.,1997)

人群分类(年)	美国人数比例
孕妇(1988)	2.5
小于 5 岁的儿童(1992)	7.7
大于 65 岁的老年人(1992)	12.7
护理和相关医疗机构的居民(1991)	0.7
治疗中的癌症病例(1992)	1.6
器官移植病人(1992)	0.02
总 HIV(AIDS)感染(1993.1)	0.03～0.04

风险评估模型估计,每进食 100 g 肉丸子(加工过程如图 4.15 所示)平均会摄入 995 个单核细胞增生李斯特菌细胞。这个数据低于 100 个细胞/g(10^4 总剂量)的目标,因此似乎是一个"安全"的过程。然而原料中有大量高浓度的单核细胞增生李斯特菌存在,所以将原料中高初始数量的单核细胞增生李斯特菌细胞降低到稍高于 100 个细胞/g 的目标值似乎是合理的。蒙特卡罗分析(见 3.3.10)被用于估计可能超过目标值的样品频度,结果得出 7.3%样品将高于目标剂量,这个过程不如前面估计的那么安全(图 4.15)。

风险评估模型的优点在于它们可用于预测加工中的变化等情况对风险的影响。Miller 等人(1997)用该模型确定了降低初始菌数 10^{-3}(71%)、10^{-2}(24%)、10^{-1}(5%)和 10^{0} cfu/g(0%)(见图 4.15 的分布)的影响。模型随后预测了消费中仅 0.94%的概率摄入剂量高于 100 个细胞/g。

4.5 肠出血型大肠杆菌(EHEC);大肠杆菌 *E. coli* O157:H7

大肠杆菌是革兰氏阴性,兼性厌氧菌。依据临床症状和发病机理可将病原性菌株分为以下几组:

- 肠出血型大肠杆菌(EHEC);
- 肠毒素型大肠杆菌(ETEC);
- 肠致病型大肠杆菌(EPEC);
- 肠集合型大肠杆菌(EAggEC);
- 肠侵染型大肠杆菌(EIEC);
- 扩散黏附型大肠杆菌(DAEC)。

肠出血型大肠杆菌可导致血性腹泻、出血性大肠炎、溶血性尿毒综合征和血栓性血小板减少性紫癜。这组包括韦罗毒素大肠杆菌(VTEC,又称产志贺毒素大肠杆菌或 STEC 或血清型 O157),O26 和 O111。

来源：
- 肠出血型大肠杆菌：牛（乳和肉制品）；
- 非肠出血型大肠杆菌：人类。

控制方法：
- 有效的污水和水处理；
- 防止由生鲜食品和被污染水带来的交叉污染；
- 热处理：熟制、巴氏杀菌；
- 良好的个人卫生。

1977 年肠出血型大肠杆菌首次被描述，且在 1982 年被认为是动物和人体的致病菌。肠出血型大肠杆菌归属于许多血清组，其中在英国和美国血清型 O157：H7 是最为重要的（O157 和 H7 分别是指菌种的 O-抗原和 H-抗原），它引起了十分严重的食品污染，导致了死亡。根据假定，大肠杆菌 O157：H7 是由肠致病型大肠杆菌演变而来，并且通过噬菌体获得了痢疾志贺氏菌（*Sh. dysenteria*）的毒性基因。这个新出现的病原菌从南美传播到了欧洲（Coghlan，1998）。不同国家报道的发病率和血清型菌不同，英国唯一被确认的血清型是 O157：H7，而法国为血清型 O111。

儿童和老年人是人群中最脆弱的群体，会发展溶血性结肠炎（HC），它会导致溶血性尿毒综合征（HUS）。健康人会在血液血小板环绕的内部器官产生血栓性血小板减少性紫癜（TTP），这将导致肾脏和中央神经系统的损害。溶血性结肠炎是 *E. coli* O157：H7 感染的不如溶血性尿毒综合征严重的一种疾病形式，溶血性结肠炎的第一个症状是严重腹部抽筋、绞痛的突然发作，24 h 后出现非血性（水样）腹泻。少数患者会出现短时间的发烧。在非血性腹泻和/或生病的其他时间内，有约一半的病人会出现呕吐现象，1～2 d 后转为血性腹泻和更严重的腹痛，一般持续 4～10 d。严重的病例中粪便样品被描述为“全血而无便”。对大多数病人，血性腹泻不会带来长远的损害，不幸的是，2%～7%的病人（有些发作情况下可高达 30%）会演变为溶血性尿毒综合征和后续的并发症。急性肾功能衰竭是引起儿童死亡的主要原因，而血小板减少症是引起成年人死亡的主要原因。类志贺毒素对鞘糖酯酰基鞘鞍醇三乙糖（Gb3）具特异性的，广泛存在于肾内皮细胞中。因为 Gb3 只在小于 2 周岁的婴儿肾小球存在，而不存在于成人肾小球中，所以儿童的肾小球中 Gb3 的存在可能是溶血性尿毒综合征发展的一个风险因子。

在溶血性尿毒综合征这种疾病情况下，病人遭受血性腹泻、溶血性贫血症、肾功能障碍和肾衰竭，并且需要透析和输血，中枢神经系统疾病也可能产生，从而导致癫痫发作、昏迷以及死亡，死亡率为 3%～17%。溶血性尿毒综合征是儿童肾衰竭的一个主要原因，通常都需要进行透析治疗，但很可能到最后还是致命。其他由 *E. coli* O157：H7 引起的系统性疾病还包括中枢神经系统、高血压、心肌炎以及其他心血管疾病，这些疾病都可能导致死亡或严重的功能障碍。在一些情况下，溶血性尿毒综合征这种疾病是一些心脏病的指示，并且是儿童的脑卒病例中的主要原因。以上这些症状都直接或间接地与肠道神经束吸收韦罗细胞毒素这个因素有关。

牛似乎是 *E. coli* O157:H7 的主要蓄集地。传染给人的主要途径是人摄入受到污染的食物，如生的或未经熟制过的肉制品和生牛乳（表 1.2）。鲜榨的苹果汁和苹果酒、酸奶、奶酪、蔬菜色拉以及煮制玉米也同样受到关注。水源和其他食物的粪便污染，以及食品准备阶段的交叉污染也被认为是传播途径。有证据显示 *E. coli* O157:H7 能在人与人之间的直接接触中进行传播，*E. coli* O157:H7 能够在粪便中隐匿一段时间，一般是 5～124 d，平均为 21 d。

根据美国 FDA 的说法，*E. coli* O157:H7 的感染剂量还是未知数（FDA《有害病菌》：见网址目录），然而病例暴发已指示，它只需要 10 个菌就能感染。数据显示该菌只需非常少的数量就可以在儿童、老年人以及有免疫缺陷症的人群中导致疾病的发生。大多数报道的肠出血型大肠杆菌感染病发都被证明是由 O157:H7 菌种引起的，这表明这种血清型菌比其他血清型菌更具毒性和传染性。但是肠出血型大肠杆菌的其他血清型菌同样引起了一些疾病的发生，而且由非 O157:H7 血清型菌引起的发病率似乎正在上升。超过 50 种这样的血清型菌已被证明能引起血清腹泻或人类的溶血性尿毒综合征。最常见的能引起人类疾病的非 O157:H7 血清型菌包括 O26:H11，O103:H2，O111:NM 和 O113:H21。由非 O157:H7 引起的疾病暴发事件中，至少有 10 件报道来自日本、德国、意大利、澳大利亚、捷克及美国。这些疾病暴发案例涉及的人数范围为 5～234 人，他们中的大多数发病原因不明。在许多国家，如智利、阿根廷和澳大利亚，非 O157:H7 引起了大多数溶血性尿毒综合征案例。非血性腹泻也被认为与这些非 O157:H7 血清型有关。

4.5.1 绞碎牛肉中 *E. coli* O157:H7

Cassin 等（1998a）构建了绞碎牛肉中 *E. coli* O157:H7 的模型，评估不同控制措施的影响。模型描述了从胴体加工到消费者烹饪和消费过程中病原菌的数量。这篇文章还介绍了一种“过程风险模型”形式，结合了定量风险评估与假设分析和预测微生物学。这种方法也被用在了空肠弯曲杆菌（*C. jejuni*）的风险评估上（见 4.3.1）。

此研究使用了两个数学模型：

（1）模型 1 描述了食品在加工、处理、消费中病原菌的变化特征，用于预测人体暴露量。

（2）模型 2 将模型 1 得到的暴露量评估用于剂量-效应模型，从而评估食用了由上述过程得到的食品后人体的健康风险。

确定食物链的每个阶段（农田一餐桌）病原菌的流行率和浓度。每个阶段对 *E. coli* O157:H7 流行率和浓度的影响见图 4.16。此图从粪便中 *E. coli* O157:H7 的流行率（范围 0/1 131～188/11 881）和浓度（范围＜2.0～5.0 $\log_{10}$cfu/g）的数据

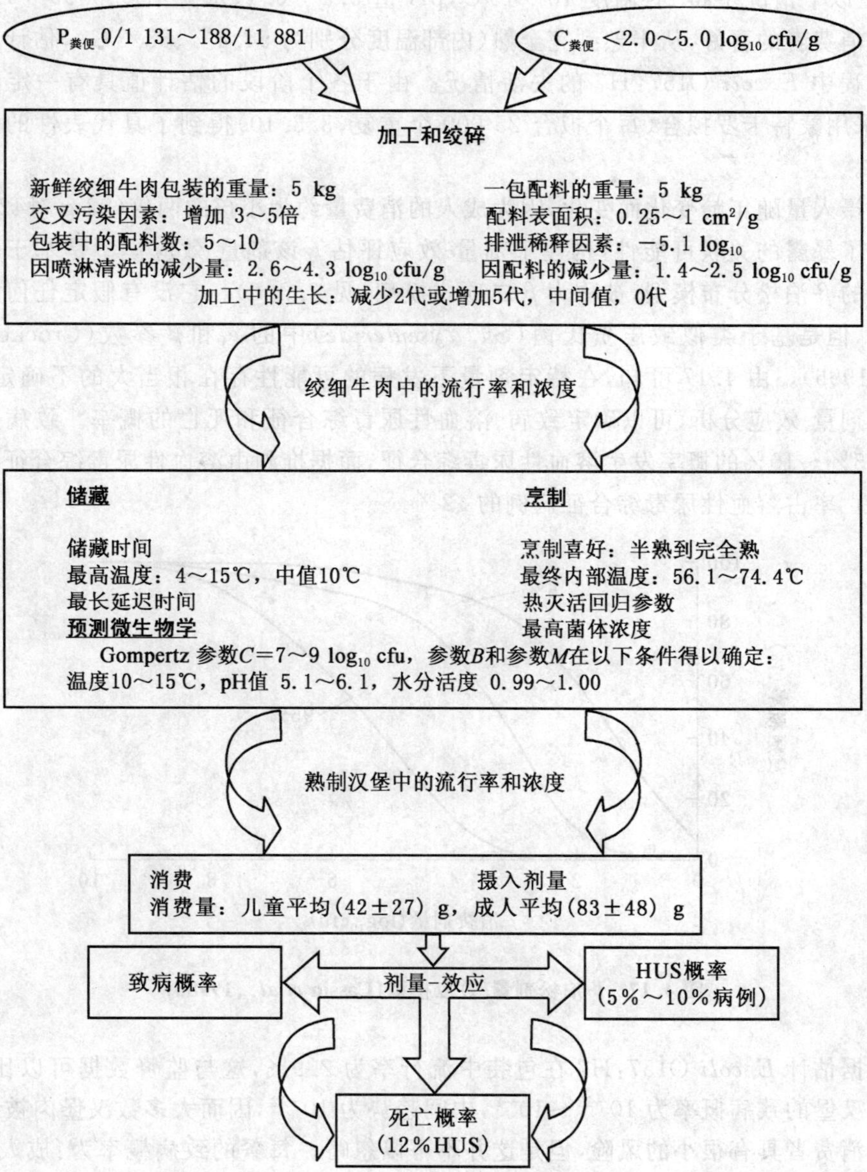

图 4.16　汉堡中 *E. coli* O157:H7 的微生物风险评估(Cassin *et al.*, 1998a)

开始，然后确定了加工和绞碎对 *E. coli* O157:H7 的流行率和数量的影响(图 4.16)。例如交叉污染可能将流行率提高 3 倍，而喷淋清洗会使微生物数量降低 2.6～4.3 对数值。预测微生物软件 Food Micromodel™(见 2.7.3)被用于模拟 *E. coli* O157:H7 的生长(优化的 Gompertz 方程；2.7.1)。假定生长量(参数 *C*)不超过 7～9 $\log_{10}$ cfu/g，达到最大生长率(参数 *B*)和发生最大生长经历的时间(参数

M)在以下情况下得到:温度 10～15℃,pH 值 5.1～6.1,水分活度 0.99～1.00。根据消费者的喜好,从半熟到完全熟(内部温度分别为 54.4℃、68.3℃),估计了熟制过程中 *E. coli* O157:H7 的失活情况。由于各个阶段的估计值具有一定的范围,采用蒙特卡罗拟合(每个拟合 25 000 个重复;3.3.10)得到了具代表性的风险分布。

摄入量随年龄变化而变化,因为成人的消费量约为小孩的两倍(82 g 对42 g)。计算了暴露的关联可能性,构建了剂量-效应评估。该剂量-效应模型是基于一个优化的 β-泊松分布模型,被称为 β-二项式模型(见 3.3.6)。它没有假定任何阈值水平,但是基于类似敛志贺氏菌(*Sh. dysenteriae*)中的 α 和 β 参数(Crockett *et al.*,1996)。由 4.17 可知,在特定剂量下发病的可能性存在相当大的不确定性。根据剂量-效应分析,可以确定致病、溶血性尿毒综合征和死亡的概率。致病人群中有5%～10%的概率发生溶血性尿毒综合征,而据推测由溶血性尿毒综合征引起的死亡率占溶血性尿毒综合征病例的 12%。

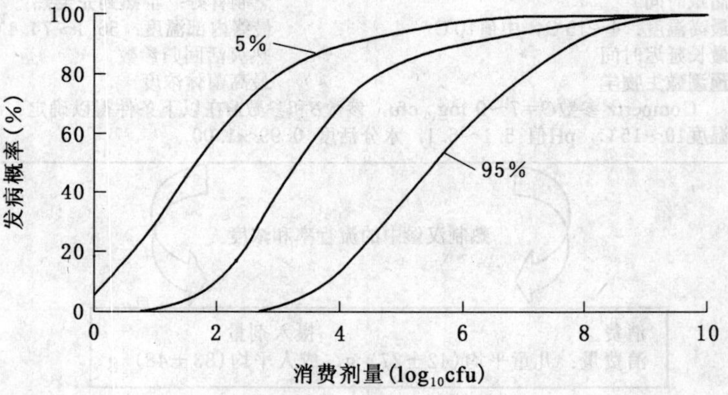

图 4.17 β-泊松剂量-效应模型(Cassin *et al.*,1998a)

据估计 *E. coli* O157:H7 在包装中流行率为 2.9%,这与监督数据可以比较。每个汉堡的致病概率为 10^{-22}～10^{-2},中间趋势为 10^{-12},因而大多数汉堡肉被认为是对消费者具有很小的风险,但是这并不可以忽略。每餐的致病概率为:成人 5.1×10^{-12},儿童 3.7×10^{-5},死亡概率为 1.9×10^{-9}。这些值被认为对家庭制备的汉堡具有代表性,而对商品汉堡来说偏高。

Spearman 采用相关系数排序的方法表明,粪便中的 *E. coli* O157:H7 的浓度对风险最为敏感,由此说明了在屠宰动物之前进行清洁可作为一个控制点。

此模型可进一步预测与控制措施中的变化相关联的健康风险的改变。据预测通过降低储藏温度来减少微生物的生长可以将平均致病率降低 80%(表 4.8)。这是以 8℃的平均储藏温度和不超过 13℃的温度滥用(分别与前面的 10℃和 15℃的预测值作比较)来建立模型的。据预计,这种降低风险的方法比降低牛粪中 *E. coli*

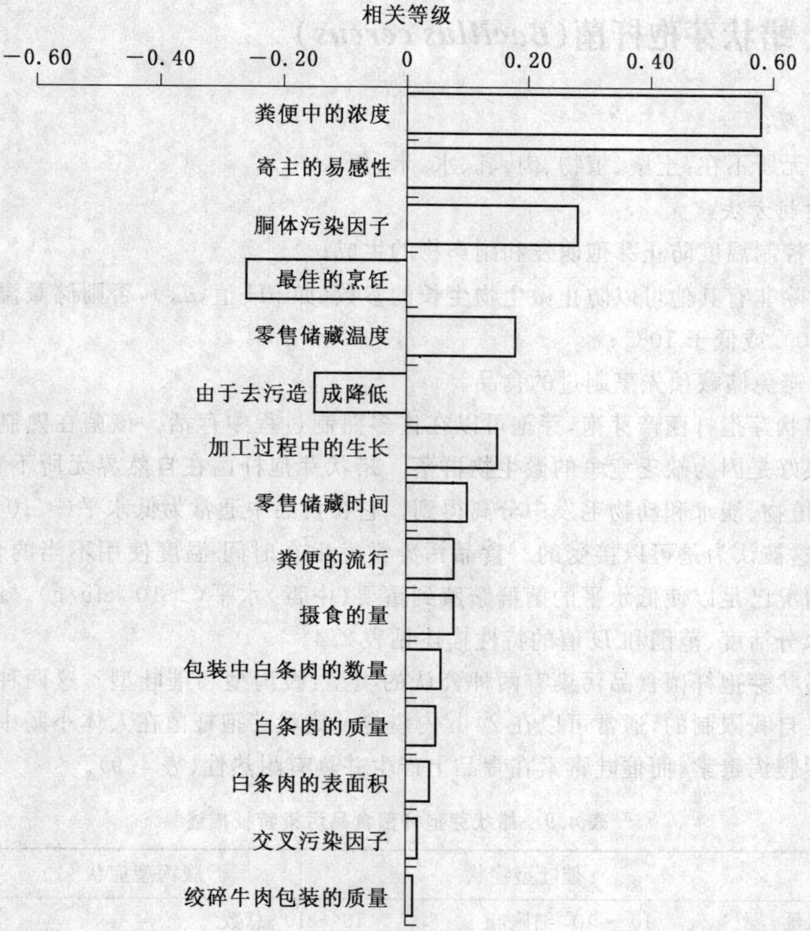

图 4.18 *E. coli* O157:H7 风险因子相关系数的 Spearman 排序 (Cassin *et al*.,1998a)

O157:H7 浓度,甚至鼓励消费者彻底熟制更为有效。绞碎牛肉中 *E. coli* 的 FSIS 模型解释可从网上浏览(见网址目录)。

表 4.8 降低风险策略和每餐由 *E. coli* O157:H7 引起的疾病的降低百分数(Cassin *et al*.,1998a)

措施	控制变量	预测疾病降低率(%)
(1)储藏温度	最高储藏温度:8℃模式,13℃最高	80
(2)宰前筛选	粪便中的 *E. coli* O157:H7 浓度降低 4 个对数值	46
(3)汉堡熟制	熟制温度,提高彻底熟制程度	16
烹制汉堡的消费者信息项目		

4.6 蜡状芽孢杆菌(*Bacillus cereus*)

来源：

- 无所不在：土壤、植物、肉、乳、水、米、鱼。

控制方法：

- 控制温度防止芽孢萌发和副产物的生成；
- 除非有其他可以防止微生物生长的参数(如 pH 值，a_W)，否则储藏温度应该高于 60℃或低于 10℃；
- 避免储藏预先烹制过的食品。

蜡状芽孢杆菌产芽孢，芽孢可以在许多熟制过程中存活。该菌在熟制食品中生长很好是因为缺乏竞争的微生物群落。蜡状芽孢杆菌在自然界无所不在，曾从土壤、植物、淡水和动物毛发中分离得到。它在食品中通常为低水平($<10^2$ cfu/g)存在，这被认为是可以接受的。食品污染常发生在时间-温度使用不当的食品中，这种情况已足以使低水平的菌群繁殖到重要(中毒)水平($>10^5$ cfu/g)。温度、生长的水分活度、范围和 D 值的特性描述见表 2.4。

蜡状芽孢杆菌食品污染有两种公认的类型：腹泻型和催吐型。这两种食品污染都是自我限制的，通常可以在 24 h 内痊愈。蜡状芽孢杆菌在人体小肠中生长时会产生腹泻毒素，而催吐毒素在食品上产生并具有耐热性(表 4.9)。

表 4.9 蜡状芽孢杆菌食品污染特征描述

	催吐型症状	腹泻型症状
感染剂量	10^5～10^8 细胞/g	10^5～10^7 总数
毒素产生	产生	在小肠内产生
毒素类型	环状肽(1.2 ku)	3 个蛋白亚组(L_1，L_2，B；37～105 ku)
毒素稳定性	十分稳定(126℃，90 min；pH 2～11)	56℃，30 min 处理可使其是失活
潜伏期	0.5～6 h	8～24 h
生病时间	6～24 h	12～24 h
症状	腹痛，水样腹泻，恶心	恶心，呕吐，不舒服和水样腹泻
最频繁感染的食品	油炸和熟米饭，意大利面食，面条，土豆	肉制品，汤，蔬菜，鱼，布丁，调味料，乳和乳制品

蜡状芽孢杆菌腹泻型食物中毒症状：

- 水样腹泻；
- 腹痛和腹绞痛；

• 恶心，有时(很少)呕吐。

蜡状芽孢杆菌腹泻型食物中毒症状模拟了产气荚膜梭杆菌(*Cl. perfringens*)食物中毒。食用了被污染食品后的 8～24 h 内会出现水样腹泻、腹绞痛和疼痛的发作。恶心可能会伴随腹泻发生，但很少发生呕吐(催吐型)。在许多病例中，症状持续 24 h，在这期间会排泄出大量的蜡状芽孢杆菌。

蜡状芽孢杆菌催吐型食物中毒症状：

• 恶心；

• 呕吐；

• 腹部绞痛，腹泻。

催吐型食物中毒的典型特征是在食用被污染的食物后的 0.5～6 h 后出现恶心及呕吐现象。腹部绞痛和腹泻也间或发生。症状持续时间通常小于 4 h。这类食物中毒的症状与金黄色葡萄球菌(*St. aureus*)引起的食源性中毒症状相似。一些枯草芽孢杆菌(*B. subtilis*)和地衣芽孢杆菌(*B. licheniformis*)的菌株已从引起了食物中毒的羊羔肉和鸡肉中分离出来。这些菌株能够产生高度热稳定性的毒素，而这种毒素可能和由蜡状芽孢杆菌产生的能致呕吐的毒素相似。

很多种类的食物，包括肉类、牛乳、蔬菜和鱼类，都和致腹泻类食物中毒有联系(表 1.2)。有呕吐症状的发病通常被认为是与摄入了稻米产品有关。然而，其他淀粉类食物，像马铃薯、意大利面以及干酪等也被认为有关联。食品混合物，如调味料、布丁、汤、砂锅菜、面粉糕饼及色拉，常常与食物中毒事件暴发有关。食品中蜡状芽孢杆菌的大量存在(>10^6 个细胞/g)，致使该菌活跃生长和繁殖，因而对健康有着潜在危害。

因为该菌在自然界普遍存在，在食品中含量通常较低，因此主要的控制措施是阻止熟制食品和即食食品中芽孢的萌发和增殖。食物储藏在 10℃以下能够抑制蜡状芽孢杆菌的生长。

4.6.1 蜡状芽孢杆菌的风险评估

Notermans 等(1997)与 Notermans 和 Batt(1998)描述了一种针对蜡状芽孢杆菌的风险评估方法。在对蜡状芽孢杆菌进行危害特性和剂量-效应评估时的难点是该菌产生的毒素能够引起两种不同的疾病。根据 Kramer 和 Gilbert(1989)的流行病学研究表明，食品中蜡状芽孢杆菌引起腹泻和催呕型食物中毒的数量范围分别是 $1.2\times(10^3\sim10^8)$和 $1.0\times10^3\sim5.0\times10^{10}$ cfu/g，两者的中间值大约为 1.0×10^7 cfu/g。人类志愿者研究使用了自然污染蜡状芽孢杆菌的巴氏杀菌乳(Langerveld *et al.*，1996；图 4.19)。当剂量超过 10^8 细胞数时可观察到症状，剂量反应曲线由 Notermans 和 Mead(1996)提出，见图 4.19。就毒素的产生来说，蜡状芽孢杆菌不同菌株之间可能有较大的差异，并且产生的毒素量与食品相关。

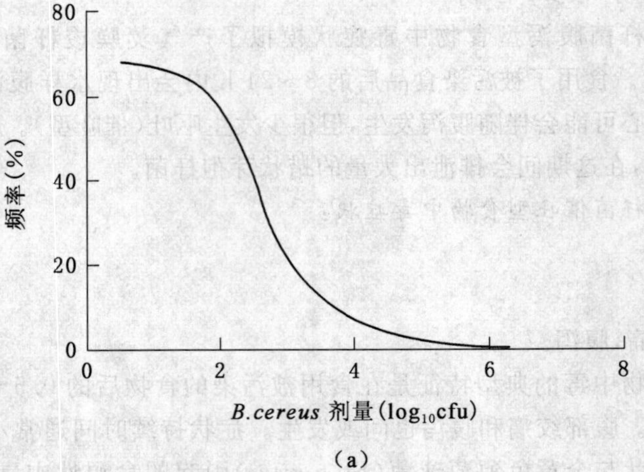

图 4.19 *B. cereus*:(a)巴氏杀菌乳中的频率;(b)剂量-效应曲线

因为摄入 10^4 cfu/g 蜡状芽孢杆菌细胞不表现危害(良好操作规范 GMP),即食食品的水平大约是 10^3 cfu/g(Anon.,1996),风险评估需要在数量水平高于此值时应用。这与肠炎沙门氏菌风险评估的零耐受方法完全不同。监测数据表明许多即食食品,如熟米饭、奶油、香草、调味料,甚至巴氏杀菌乳中,蜡状芽孢杆菌的水平可能超过 10^4 cfu/g(te Giffel *et al.*,1997)。Notermans 等(1997)指出在荷兰消费的 11%牛乳中,每升牛乳中蜡状芽孢杆菌的数量超过了 10 000 个,而每年会消费接近 10^9 ~10^{10}份这样的巴氏杀菌乳。尽管到目前为止详细的蜡状芽孢杆菌定量风险评估的分布频率数据还不充分,Zwietering 等(1996)已构建了这种微生物的预测生长模型。

4.7 副溶血弧菌(*Vibrio parahaemolyticus*)

副溶血弧菌(*V. parahaemolyticus*)被视作是日本食源性肠胃炎的主要诱因。这是因为海产品通常是日本日常饮食的重要组成部分,而副溶血弧菌又和海产品具有联系。

副溶血弧菌食物中毒的典型症状如下所示:

- 腹泻;
- 腹部绞痛;
- 恶心;
- 呕吐;
- 头痛;
- 发烧发冷。

该类微生物经摄入后在人体内的潜伏期为4～96 h(平均15 h)。发病时通常症状较为缓和,但也有一些病例可能需要住院治疗。平均起来,此病可持续大约3 d。副溶血弧菌的感染剂量可能大于10^6个微生物菌体。其毒性源于该菌产生的热稳定性溶血素(TDH)、该菌侵染肠道细胞的能力以及它可能产生的一种肠毒素(可能为志贺样毒素)。该菌*tdh*基因的产生特性是目前区分其致病种类和非致病种类的唯一可靠依据。

鱼类和贝类中的副溶血弧菌通常小于10^3 cfu/g,而在温暖水域中该数量会增至10^6 cfu/g。副溶血弧菌感染一直被认为与鱼类、贝类的生食,对其不适宜的烹调方式以及烹调后的再次污染有关。其感染概率与年份当中的温暖月份相关。对受副溶血弧菌污染的海产品进行不适当的冷藏会导致该病菌的增殖,这就增加了病菌传染的可能性。该病菌对热非常敏感,故对食物进行的不适当的处理程序以及加工温度的滥用会导致该菌的频繁暴发。

针对副溶血弧菌的控制是通过采收后对食品进行冷藏(<5℃)以阻止其增殖,以及在加工过程中保证食品内部温度大于65℃来实现的。由于该菌遇热即会迅速死亡,因此若从熟食中分离出弧菌类则说明该食品的卫生措施很差。

4.7.1 未加工软体鱼贝类中副溶血弧菌对公众健康的影响

FDA(2000b)已经发布了一项针对未加工软体鱼贝类中副溶血弧菌的风险评估草案。该文件包括118页的内容,可在国际互联网目录(internet directory)中下载。这项报告依据其4个风险评估步骤(危害识别、暴露量评估、危害特性与风险描述)进行内容划分,并提出了相应的风险规避(缓和)因子。为了引出有用的反馈,该报告还陈述了多种假定。剂量-效应分析被包含在该报告的危害特性和暴露评估这两部分内容当中(采后处理模块)。

图 4.20 给出了该项风险评估的概要。FDA 的这项风险评估是对 1997—1998 年间 4 次副溶血弧菌暴发所引起的 700 起病例的回应。对暴露评估程序的总结见图 4.21。数据和信息的收集在采收、采后处理和公众健康这 3 个模块中进行。采收模块模拟了环境条件的作用，它模拟了数据的总体变异和致病性副溶血弧菌的菌体密度，并且表明盐浓度并非一项重要的效应参数。随后，病原菌的生长在仅有水温因素的影响下进行模拟。采后处理模块模拟了现有处理措施对病原菌流行以及对菌体浓度随时间推移的变化的影响。公众健康模块估计了所研究的 5 个区域中的其中之一在各季节中疾病可能暴发的数量分布情况。本书 3.3.6 部分用 beta-Poisson，Gompertz 和 Probit 模型模拟了剂量-效应关系。这 3 种模型的输出值被用来确定疾病风险。经预测，Gulf Coast 地区在冬季、春季、夏季和秋季的疾病平均发生数分别为 25，1 200，3 000 和 400 起。疾病的全国性平均风险为 4 750 例（在 1 000～16 000 例范围内）。

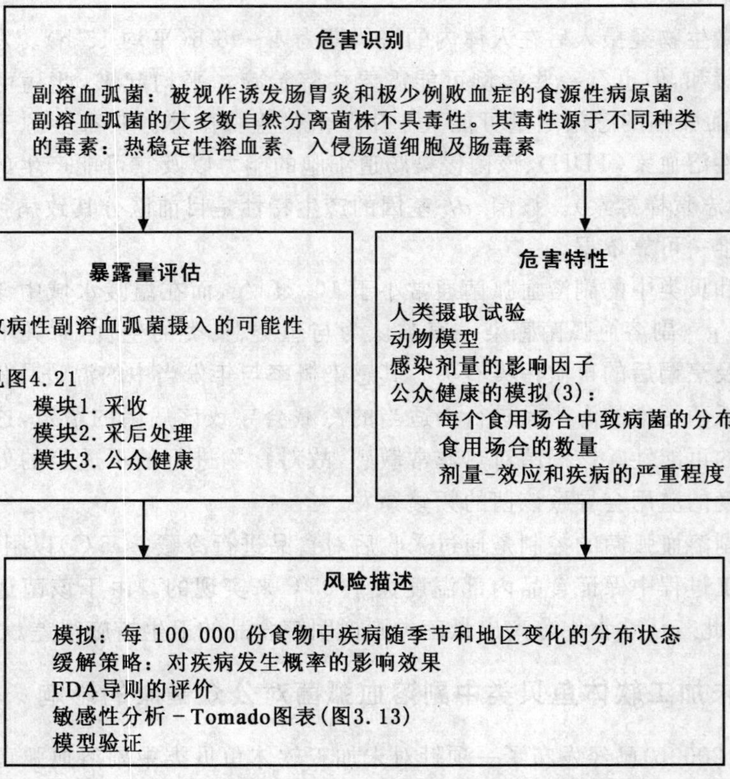

图 4.20　未加工鱼贝类中副溶血弧菌的风险评估

该风险评估模型使得目前 FDA 关于贝类中副溶血弧菌限量小于 10^4 cfu/g 的标准有待进一步评估。据估计，并非所有每克牡蛎中副溶血弧菌污染量超过 10^4

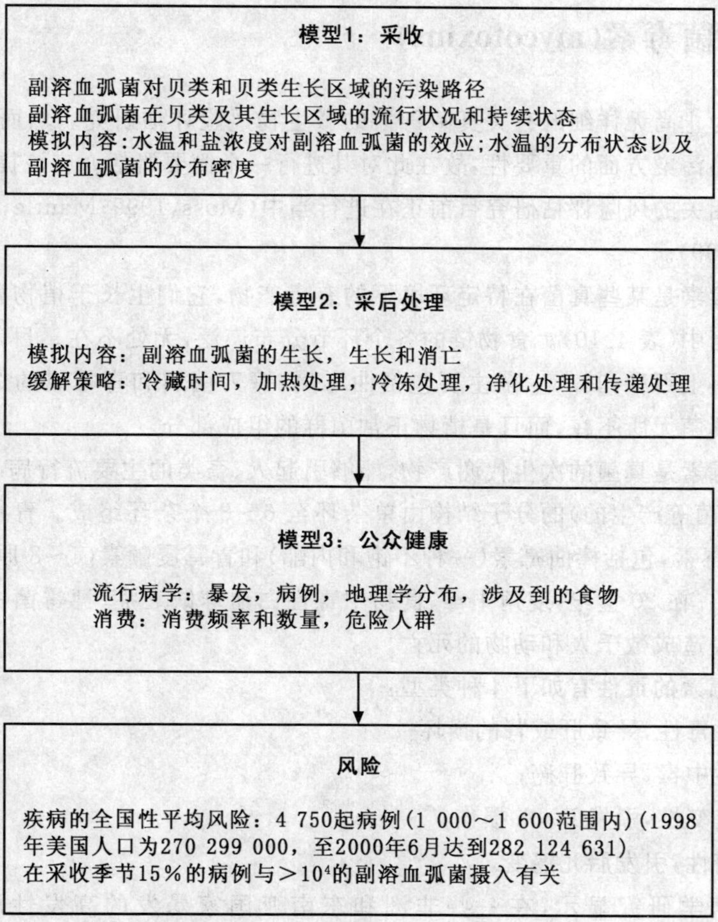

图 4.21　未加工鱼贝类中副溶血弧菌的暴露量评估(FDA,2000b)

菌体细胞的牡蛎都能将相关疾病降低 15%且引起采收中 5%的损失。

风险缓解策略为(图 3.13)：

- 在牡蛎采收后迅速将其冷却并加以冷藏，在此期间副溶血弧菌的生活力会缓慢降低。
- 5 min 50℃的轻度加热可使副溶血弧菌的生活力发生大于 log 4.5 的降低，且几乎可以消除其致病可能性。
- 迅速冷却和冷冻储藏可使副溶血弧菌的生活力发生 log 1～2 的降低，进而减少其致病可能性。

该初步模型可在国际互联网目录(internet directory)中下载。

4.8 真菌毒素(mycotoxins)

迄今为止尚无详细的有关真菌毒素的微生物风险评估研究。然而，鉴于真菌毒素在食品污染方面的重要性，故在此对其进行一个简要概括。应该提到的是，与真菌毒素相关的风险评估研究目前正在进行当中(Moss，1999；Mantle，1999；Scudamore，1999)。

真菌毒素是某些真菌在特定环境下的有毒产物，它们生长于植物源食物和动物源食物当中(表 4.10)。食物链的各个环节分布广泛，无处不在。目前已确定的真菌毒素有上百种，其产生菌主要包括曲霉属、镰刀菌属和青霉属的 200 多种真菌。这些真菌无所不在，而且是植物正常菌群的组成部分。

真菌毒素是真菌的次生代谢产物，能够引起人、畜类的主要流行病。黄曲霉毒素(黄曲霉菌等产生的)的分子结构由单杂环至 6～8 个杂环组成。青霉能够产生 27 种真菌毒素，包括棒曲霉素(一种不饱和内酯)和青霉震颤素(4～8 原子组成/环的 9 邻环)。在 20 世纪，麦角中毒、食物中毒性白血球缺乏症、穗霉菌中毒和黄曲霉中毒已经造成数千人和动物的死亡。

真菌毒素的毒性有如下 4 种类型：

- 急性毒性，导致肝或肾的损坏；
- 慢性中毒，导致肝癌；
- 致突变性，引发 DNA 损伤；
- 致畸性，引发胎儿癌变。

流行病学研究显示，在一些非洲和东南亚国家暴发的高发性肝癌(每年 100 000 人中有 12～13 例)与当地的黄曲霉素暴露具有相关性。此外，赭曲霉素 A 也与巴尔干地方性肾病(一种在巴尔干地区一些国家流行的致命性肾病)有关。

表 4.10 真菌毒素的毒性(Adams & Motarjemi，1999)

真菌毒素	食 品	真菌种类	生物学效应	LD_{50} (mg/kg)
黄曲霉毒素	玉米，花生，牛奶	黄曲霉，寄生曲霉	肝毒性，致癌性	0.5(犬)，9.0(老鼠)
环匹克尼酸	干酪，玉米，花生	黄曲霉，圆弧青霉菌	震颤	36(大鼠)
伏马菌素	玉米	串珠镰孢菌[a]	马的脑软化，猪的肺水肿	未知
赭曲霉素	玉米，谷物，咖啡豆	统抱青霉，赭曲霉	肾毒性	20～30(大鼠)
玉米赤霉烯酮	玉米，大麦，小麦	禾谷镰刀菌[b]	雌激素作用	无剧烈毒性

[a]藤仓赤霉菌；[b]玉米赤霉菌。

4.8.1 黄曲霉素(*aflatoxins*)

针对黄曲霉素的研究比其他真菌毒素更为详细。黄曲霉素是由黄曲霉和寄生曲霉等菌种在适宜的湿度和温度条件下产生的一组结构相似的毒性化合物。这些真菌滋生于某些食物和饲料中,并对其产生黄曲霉素污染。黄曲霉素污染显著发生在树果、花生和其他油料种子,以及玉米和棉籽中。依据黄曲霉素在紫外灯下所发出荧光的颜色为蓝色(B类)或绿色(G类),可将黄曲霉素分为黄曲霉素 B_1,B_2,G_1 和 G_2。这些毒素常常以不同比例共同存在于多种食品或饲料中。然而黄曲霉素 B_1 的毒性最强,非常受人关注。但毒素暴露是否主要是黄曲霉素 B_1 的作用或混合的黄曲霉素 B_1,G_1 的共同作用,还依赖于曲霉菌属的地理学分布。产生黄曲霉素 B_1 和 B_2 的黄曲霉,在世界范围内均有分布;产生黄曲霉素 B_1,B_2,G_1 和 G_2 的寄生曲霉,主要分布于美洲和非洲。黄曲霉素暴露主要通过人类饮食摄入玉米和花生引起。黄曲霉素 M 是动物体内黄曲霉素 B_1 的主要代谢产物,当奶牛或其他哺乳动物食用受黄曲霉素污染的食物或饲料后,就会通过乳液或尿液分泌黄曲霉素 M。在世界上某些地区,开始于子宫内的黄曲霉素终身暴露已经为生物监控所证实。

黄曲霉素可诱发多种动物发生急性肝坏死、肝硬化和肝肿瘤;没有动物能够耐受黄曲霉素的急性毒性作用(表 4.10)。因此可以推断人类也会受到类似的影响。通过对不同种类动物的黄曲霉素单剂量测试获得了宽范围变动的半致死剂量(LD_{50})值:对于大多数动物,LD_{50} 值为 0.5～10 mg/kg 体重。不同物种对于黄曲霉素的急性、慢性毒性的敏感性有所不同。黄曲霉素毒性又受到环境因子、暴露剂量和持续时间、动物年龄、健康状况以及饮食的营养状况的影响。黄曲霉素 B_1 对许多物种而言都是一种强力致癌物,这些物种包括非人类的灵长类动物、鸟类、鱼类和啮齿动物。而对于每一物种,肝脏都是黄曲霉素造成急性损伤的靶器官。新陈代谢是黄曲霉素毒性作用强弱的主要决定因素。黄曲霉素的致癌效应能够被混合功能氧化酶系统的感应或禁止效应所更改,(因此)其致癌作用的发挥需要一定的代谢活性。

在发达国家,食品中的黄曲霉素污染水平较低,由此而致使人类发生急性黄曲霉素中毒的情形非常少见。鉴于此,以往关于由黄曲霉素摄入而引起的对人类的毒性作用的研究就集中在对其潜在的致癌性研究上。然而尽管在肝癌高发的非洲和东南亚地区所进行的相关流行病研究已经揭示黄曲霉素与癌症发生率、B型肝炎与饮食中黄曲霉素含量之间的联系,但人类对黄曲霉素的相对敏感性目前仍是未知。

20世纪60年代,黄曲霉素的发现导致人们开始对产生真菌毒素的曲霉进行了更为深入的调查。虽然米曲霉、酱油曲霉和日本酱油曲霉在实验室条件下能够产生真菌毒素,但在曲霉的商业化生产菌种中并未证实有黄曲霉素的产生。有研究对应用于奶酪生产中的霉菌进行了产毒测定，结果表明，娄地青霉只产生微量的棒曲霉素和酪青霉毒素 C，而卡门柏青霉则产生低水平的环匹克尼酸。这些真菌毒素只是以上霉菌在实验室人为设计的胁迫条件下产生的，据报道它们在奶酪中的生成水平相当低(Rowan *et al*.，1998)。

Bowers 等于 1993 年研究了中国的黄曲霉素暴露、流行性 B 型肝炎与原发性肝癌之间的可能联系，此外还分析了 Yeh 等在 1989 年对将近 8 000 人的研究数据，旨在为美国建立一个(针对黄曲霉素暴露量与疾病发生情况之间关系的)外推模型。由此得到，美国的黄曲霉素吸入性致癌风险系数的最佳估计值为 9 mg/(kg·d)，黄曲霉素对 B 型肝炎阴性、阳性人群的致病风险系数为 230 mg/(kg·d)。该值低于非洲和东南亚等流行性 B 型肝炎广为传播的地区 75 mg/(kg·d)的估计值。

4.8.2 赭曲霉素(*ochratoxins*)

赭曲霉素由赭曲霉、纯绿青霉和纯绿色青霉产生。赭曲霉素 A 是赭曲霉素中最为重要的一种毒素。其主要的饮食来源为谷物，但是较高水平的赭曲霉素污染也可能会发生在葡萄汁和红葡萄酒、咖啡、可可粉、坚果、香料以及干制水果中。另外，赭曲霉素污染还会涉及到猪肉、猪血制品和啤酒当中。赭曲霉素具有潜在的肾毒性和致癌性，其毒性能力的强弱因动物物种和性别不同而有显著差异。此外赭曲霉素还具有致畸性和免疫毒性。CAC(国际食品法典委员会)已经要求 JECFA(粮农组织/世界卫生组织食品添加剂联合专家委员会)对谷物和谷物产品中 5 μg/kg和 20 μg/kg 含量水平的赭曲霉素 A 进行风险评估。

4.8.3 其他种类的真菌毒素

伏马菌素是在世界范围内广泛发生的一组镰孢霉真菌毒素，多污染玉米及玉米制品。目前已经发现它是多种动物疾病的诱因。在一些肠道癌高发地区，现有流行病学证据已经表明日常饮食中的伏马菌素暴露与人类肠道癌之间存在联系。伏马菌素在食品加工过程中大多较为稳定(DeNijs *et al*.，1997；Turner *et al*.，1999；Shier，2000)。

玉米赤霉烯酮也是一种真菌代谢产物，其主要产生菌为禾谷镰刀菌与黄色镰刀菌，这些真菌主要侵染玉米、大麦、小麦、燕麦和高粱。该类化合物会引起动物(特别是猪)雌激素水平偏高，以及严重的生殖和不孕问题。但是目前还很难估计其对于公众健康的影响。

单端孢霉烯族毒素由多种镰刀菌产生，在世界范围内广泛发生。能够侵染多种不同植物，显著影响谷物类，特别是小麦、大麦和玉米。单端孢霉烯族毒素有 40 余种不同类型，但其中最广为人知的是脱氧雪腐镰刀菌烯醇和雪腐镰刀菌烯醇(即 T-2 毒素)。该类毒素会致使人类发生呕吐、头痛、发烧和反胃症状。

脱氧雪腐镰刀菌烯醇对在中国和印度大规模发生的人类中毒事件负有责任。

在世界上一些地方，脱氧雪腐镰刀菌烯醇、玉米赤霉烯酮和雪腐镰刀菌烯醇的慢性暴露仍有发生；人类很少受到醋酸瓜类萎蔫醇 X 的暴露影响。在由脱氧雪腐镰刀菌烯醇引起的食物中毒事件中，严重的肠胃反应为其主要症状。

4.9　轮状病毒(rotaviruses)

轮状病毒(rotaviruses)被归为呼肠病毒科(*Reoviridae*)家族的一员。6 株从血清学角度已被鉴定，其中 3 株(A、B 和 C)具备感染人类的能力(Desselberger，1996，1998)。轮状病毒导致的胃肠炎是自我限制的、中度到严重的疾病，典型症状表现为呕吐、水样腹泻以及低烧(Hart & Cunliffe，1999；Ciarlet & Estes，2001)。其感染剂量假定为 10～100 个感染性病毒颗粒(Shaw，2000；Lundgren & Svensson，2001)。因为感染轮状病毒腹泻的病人通常排出大量病毒(10^8～10^{10} 感染颗粒/mL 粪便)，所以感染剂量能够通过监测污染的手、物品或器具而稳定地获得(Ponka *et al.*，1999)。无症兆的轮状病毒排泄已被妥善记录在案，并可能在永久性的地方性疾病诊断中起作用。

轮状病毒(轮状病毒)经粪便-口途径传播，而经污染的手可能是该病毒在人与人之间传播时最重要的途径。这种情况常常发生在人们接触紧密的社区内，如儿童和老年人病区、福利院及家庭中。已受感染的食品加工者也可能污染一些需要进一步加工和无需再加热的食品，如色拉、水果和餐前开胃食品(Richard，2001)。轮状病毒在环境中相当稳定，曾在入海口的样品中检测到，含量为 1～5 感染颗粒/加仑。对于细菌和寄生虫有效的卫生措施似乎对于轮状病毒的地方性控制无效，因为在具有不同健康标准的国家，曾观察到类似的轮状病毒感染事件发生(Mead *et al.*，1999；Fleet *et al.*，2000；Inouye *et al.*，2000；Sethi *et al.*，2001)。

全世界都充满 A 族轮状病毒的踪影，它是婴儿和儿童严重腹泻的主要原因，并且导致其中的一半病例需要住院治疗。在美国每年有超过 300 万的轮状病毒胃肠炎的病例发生。在温带地区，该病主要集中在冬季发生，但是在热带地区则全年都可能发生。对食品污染的数据现在还未知。B 族轮状病毒也叫成人腹泻轮状病毒(ADRV)，是导致中国数以千计的各年龄人口严重腹泻的主要原因。C 族轮状病毒被认为是与很多国家少量和零星发生的儿童腹泻有关。然而第一次暴发的报道来自于日本和英国。该族病毒的潜伏期为 1～3 d 不等，症状通常是先呕吐，紧接着是 4～8 d 的腹泻，可能出现暂时性的乳糖不耐症，至此身体自行恢复，而且通常很彻底。然而，没有流质和电解质补充的严重腹泻可能导致机体严重脱水和死亡。在美国，由于轮状病毒引起的儿童死亡率相对较低，约为每年 100 个病例，但在世界范围内来说，则每年接近 100 万例。

4.9.1 贝类及沿岸水体的病毒污染

1993年由Rose和Sobsey(根据法典格式)完成了一个包括4个步骤的针对贝类和沿岸水体的定量风险评估。在危害鉴定阶段总结了与污染的贝类相联系的病毒危害:脊髓灰质炎病毒(polivirus)、人肠道孤病毒(virus)和轮状病毒(rotavirus)。在针对艾可病毒群(echovirus 12)(低感染性)和轮状病毒(rotavirus高感染性)的剂量-效应评估中(危害特性的一部分)使用了之前的人类试食试验数据(表3.7)。暴露评估是将每克贝类中的病毒颗粒数与每年摄入的贝类数量相乘而得到的,每个采样点的贝类中含有的平均滤过性病毒颗粒数(范围为0.02～31 pfu/100 g)经过计算并得到算术平均值。美国每年人均的贝类食物消费情况大约是250 g蚌类,74 g牡蛎以及53 g其他贝类。通常假定个人对贝类食物的年均摄入量差不多,基于这个假定,人均消耗量为60～240 g。因此,摄入60 g贝类时暴露量为0.11～18.6 pfu(平均6 pfu),摄入240 g贝类时暴露量为0.43～74.4 pfu。在风险描述时,应用了艾可病毒12和轮状病毒的β-泊松概率模型、病毒污染水平和代表高低暴露量的两个摄入水平来进行风险估计。疾病发生率和死亡率根据一系列的暴露计量进行了比较,并乘以感染概率,最终可以估计疾病发生率和死亡率的风险。在对摄入60 g生鲜贝类食物使用艾可病毒12概率模型进行评估时,个人风险约为$2.2\times10^{-4}\sim3.5\times10^{-2}$,该风险是摄入240 g生鲜贝类时所产生风险的4倍。在平均的病毒水平下,该风险相对于即使是从允许水体中出产的贝类食品,也有1%的几率被感染。然而,如果使用轮状病毒模型,则风险将增至3.1×10^{-1},由于轮状病毒的高感染性,60 g贝类食物平均病毒暴露量为6 pfu,即可感染。

这个早期的风险评估没有使用蒙特卡罗拟合病毒分布范围。如果使用了改进的检测方法,那么可以合理地推断,贝类中毒的发生率以及含量水平都将比以前的数值更大。

(岳田利、袁亚宏 译)

5 微生物风险评估的未来发展

5.1 引言

微生物风险评估领域从 20 世纪 90 年代最早应用开始就快速发展。所以，发布一个飞速发展的预期列表比较困难。所以本章主要集中于进一步调查的主题。

如果微生物风险评估被证明在促进世界范围内安全食品产品配送中是有效的，那么就一定可以提高世界范围内的食品贸易。另外，微生物风险评估可以改进 HACCP 计划，建立可以降低微生物危害到科学合理、可接受风险水平的关键点(CCP)(见 2.3.4)。

5.2 国际方法和指南

为了便于微生物风险评估的国际应用，以下几点是必需的：

(1)建立一个国际认可的方法；

(2)建立危害识别、暴露评估和风险描述指南，从而对信息和数据的获得和如何评价这些信息和数据给予详细的指导；

(3)在剂效模型上达成一致。

为了分享风险评估经验，需要有富有风险评估经验和没有风险评估经验的国家共同开展的风险评估的合作项目。采用介绍和分发微生物风险评估初步报告和已完成的报告的方法将很好地支持这些行动。

与目前大量依赖国际数据的评估来说，更多的国家微生物风险评估是必需的(见 4.3.3，空肠弯曲杆菌，丹麦(Denmark))。

5.3 数据

应该建立国际风险评估信息的数据库。这个数据库应包括发展中国家的信息。储藏、制备和烹饪的时间和温度在各国之间各有不同。世界各国需要报告当地消费者在家和食品服务企业储藏和处置食品的操作情况，包括储藏温度和时间。消费人群的细节也是必需的，如人群的大小和消费频率。从工业界输入的数据不应成为政府处罚的依据，也不能被其他竞争企业使用。

微生物风险评估的利用似乎增加了对验证风险评估模型的食品产品中的微生物含量和浓度数据的需求。如前所述，沙门氏菌（和单增李斯特菌）的风险评估受限制于检测标准判定沙门氏菌存在与否的标准为每 25 g 食品中含一个菌体细胞的检测结果。这里就不一一罗列。病原菌浓度的定量数据需要来自世界各个地区，如畜禽的沙门氏菌。对于许多微生物病原体的暴露评估而言，需要有加工和制备阶段的交叉污染评估情况的数据。

需要建立监测系统来支持流行病学和事件暴发调查。这些数据对不同易感人群的剂效评估模型是必要的。哨点研究可以更准确地估计每年食源性病原菌的感染数量。

目前，预测微生物学主要集中在微生物的生长（温度滥用等）和死亡（巴氏杀菌，烹饪）问题上。作为核心的工具和使不同的国家都能将这些模型应用于自己从农田到餐桌的加工条件中，预测微生物学需要得到更进一步的发展。预测微生物学的拓展需要考虑到：

- 时间和温度变动控制的程序；
- 冷藏和冷却温度下的细菌存活；
- 加工过程中的细菌适应性；见 2.6。

将来，剂量-效应模型应该显示出：

（1）特定暴露的感染概率；

（2）特定感染的发病概率；

（3）特定疾病的死亡和发生后遗症的概率。

然而，非伤寒沙门氏菌的剂效曲线表明，目前不同的数学模型都能应用于同一类数据。所以，国际认可一致的剂效分析方法在将来是必需的（虽然不同的微生物危害应用不同的模型），从而可以预测食品中造成人群感染或致病的细菌数量（食品安全目标和微生物准测）。另一个重要方面就是开发根据模型要求获得人类相关信息的新方法，改进对暴露调查的程序将是朝着这个方向迈出的重要一步。

食品安全目标和微生物准测制定中需要将风险相关的操作特征曲线融入其中。见 2.8.2。

5.4 培训课程和资源的利用

风险评估需要多学科的专家，如风险评估员、统计学家、微生物学者和流行病学者。然而，这些具有这些专业技能和经验丰富的个人并不是分布于世界各地。从全球来看，通过因特网创建一个工作网络对于信息、技术意见和合作研究的交流和传递是非常有价值的，由 FAO/WHO 建立的 JEMRA 在微生物风险评估领域提供专家意见。

越来越多的风险模型培训课程或讲解的资料可以在因特网找到(见 FAO/WHO 因特网指南中“在线培训课程和模型讲解"条目下的所有主题)。

- FAO/WHO 微生物风险评估的行动(IAFP 第 88 个年会,2001 年 8 月);
- FAO/WHO 行动综述;
- 肉用仔鸡的沙门氏菌暴露评估;
- 鸡蛋中沙门氏肠炎菌暴露评估;
- 沙门氏菌的危害和风险描述;
- 即食肉和鱼中单增李斯特菌的暴露评估;
- 乳制品中单增李斯特菌的暴露评估;
- 单增李斯特菌的危害和风险描述。

因特网指南中“在线培训课程和模型讲解” WHO 条目下有下述主题:

- 风险评估的全球视角;
- 鸡肉中空肠弯曲杆菌(*C. jejuni*)的定量风险评估;
- 风险评估意见;
- 蒙特卡罗模拟;
- 鸡蛋和鸡蛋产品中的沙门氏肠炎菌;
- 定量分析模型;
- FSIS 关于绞碎牛肉中大肠杆菌 O157:H7 风险评估;
- 禽类 FARM。

这些都是不断发展的微生物风险评估的实际工作中的案例。然而,需要认识到的是,因特网并不是全球每个地区都能接入,因此应该提供更加有效的交流方法,确保需要它们的人能够得到,尤其是发展中国家。

未来微生物风险评估在第 32 次 CCFH 会议上得到了确定(1999)。这些确定的开展微生物风险评估的病原菌-商品的组合有很多,但不是全部(表 5.1)。基于公众健康重要性的优先顺序,列出了下面一个优先顺序:

(1)鸡蛋、禽类和猪肉中的沙门氏菌;

(2)即食食品中的单核细胞增生李斯特菌;

(3)禽类中的空肠弯曲杆菌;

(4)抱子甘蓝和绞碎牛肉中的肠出血型大肠杆菌;

(5)甲壳类动物中的副溶血性弧菌。

其中一些风险评估已经完成,而另一些已经在 2001 年开始,还有一部分在不久的将来进行。

表 5.1　建议开展的微生物风险评估(第 32 次 CCFH 会议 1999(CAC,2001))

危害	商　品
肠炎沙门(氏)菌	鸡蛋
沙门氏菌	禽类,红肉,豆芽,鱼
空肠弯曲杆菌(*C. jejuni*)	禽类
肠出血型大肠杆菌	牛肉,豆芽
单核细胞增生李斯特菌	软奶油,即食食品,烟熏鱼,未加工蔬菜(沙拉和预冷冻蔬菜)
副溶血性弧菌	甲壳类动物
弧菌属群	海产品
环孢球虫	新鲜产品
志贺氏菌群.	蔬菜
葡萄球菌	
蜡状芽孢杆菌	婴儿奶粉
产气荚膜梭杆菌	
微小隐孢子虫	
小圆结构病毒	
抗生素抗性	

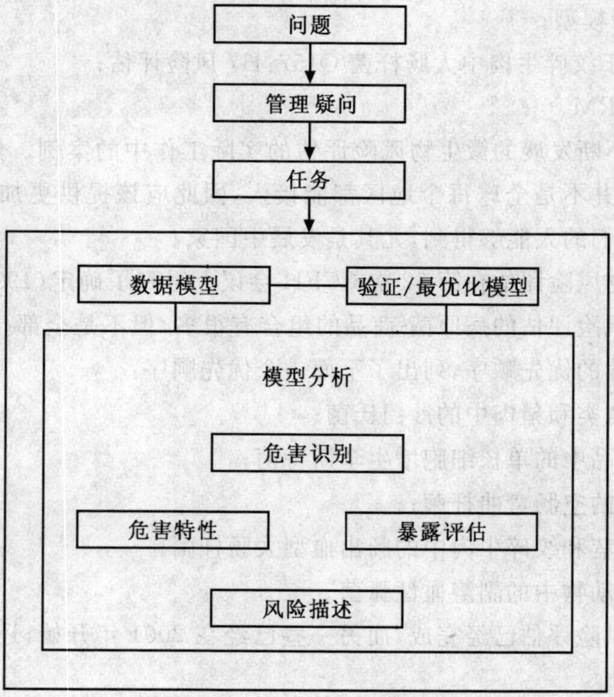

图 5.1　微生物风险评估支持系统(MARS)(Jouve,2001)

5.5 微生物风险评估支持系统

Jouve(2001)提出的微生物风险评估支持系统(MRAS)对国家分析者和决定决策者有帮助(图 5.1)。需要从少数国家获得经验来帮助其他国家。微生物风险评估由以下 3 种模型组成:

(1)分析模型;

(2)数据库模型;

(3)验证和优化模型。

分析模型包括风险评估、危害识别、暴露评估、风险描述 4 个活动。这些需求模型和模拟的各种软件已经可以获得。数据库模型应该包含数据收集和与已经存在数据的融合指南,这可以提供实施风险评估的模板,所以是有效的资源。验证和优化模型提供数据拟合和不确定度的测试。

(石阶平 译)

术 语 表

这些定义主要采用了第22次国际食品法典委员会关于微生物、化学、物理因素和风险管理及风险信息交流的会议定义的临时术语为基础。CAC是临时用这些概念，因为随着风险分析科学的快速发展会进行修改，而且试图通过努力使各学科交叉的定义协调一致。

有害作用：生物体在形态、生理、生长、发育及生命过程中的变化，最终导致了功能性机能损伤或者在外在压力下补偿机能损伤或者在其他环境下对有害作用的敏感性增加。决定任何作用是否是有害作用需要专家的判断。

假设：在不完整信息的基础上的专家判断，因此总是与不确定性相联系。

***D* 值（十进制时间减少）**：由如加热（烹饪）、酸、辐射等致命过程引起的90%（=1 log）存活减少。也可参见 *Z* 值。

剂效评估：确定化学、生物、物理因素的剂量大小和与之相关的有害健康影响的发生率和严重性的关系。

暴露评估：对通过食物或其他相关途径可能摄入的生物、化学和物理因素的定量和定性评价。

食品：用于人类消费的任何物质，无论是加工、半加工还是初级产品，包括饮料、口香糖等，以及在食品加工、制备和处理过程中使用的任何物质，但不包含化妆品、烟草和仅仅作为药物使用的物质。

食品安全目标：政府出于保护消费者健康有必要定义的目标（可以应用在原材料、加工过程和终产品上）。

危害：导致有害健康影响的食品或环境中的生物、化学和物理因素。

危害特性：对可能存在于食品中的生物、化学和物理因素引起的有害健康影响属性的定性和定量评价。微生物风险评估的目的是关注相关的微生物及其毒素。就生物因素而言，如果数据能够获得，就应该进行剂量-效应评估。

危害识别：确定可能引起有害健康影响的生物、化学和物理因素，它们可能存在于某种食品或某类食品中。

定性风险评估：在数据不足于支持开展定量风险估计时，利用专家的先验知识，识别其不确定性而开展的风险评估，允许风险排序（比较）或采用描述风险类别的分类。

定量风险评估：提供风险数量的表示和显示其不确定性的风险评估。

微生物风险：与微生物危害存在相关的风险（如细菌、病毒、酵母、霉菌、藻类、寄生原生动物和寄生虫）。包括由其引起的化学风险（毒素和代谢物）。（微生物风险评估的推荐草案和指导方针——CCFH 2000）（见因特网指南）。

风险:由于存在于食品中的危害而导致的有害健康影响和影响严重性的概率函数。

风险分析:由三个部分组成的过程:风险评估、风险管理和风险交流。

风险评估:由以下步骤组成的以科学为基础的过程:(1)危害识别,(2)危害特性,(3)暴露评估和(4)风险描述。定义包括定量风险评估,主要强调风险的量化,同时也包括定性风险描述,以及不确定指标。

风险评估政策:风险评估中在适当的决定点被应用的政策选择和科学判断的文件化的指南。

风险描述:基于危害识别、危害特性和暴露评估对特定人群造成的已知或潜在的有害健康作用严重性和发生概率及其不确定性的定性和/或定量估计。

风险交流:风险评估员、风险管理者、消费者、企业、学术团体和其他兴趣相关方通过风险分析过程,就危害、风险、风险相关因素和风险认知等互相交换信息和意见,并解释风险评估的发现和风险管理决定的基础。

风险估计:风险描述的输出。

风险管理:在与所有相关方咨询之后,权衡政策调整而有别于风险评估的过程,在这个过程中要考虑到风险评估和其他因素对保护消费者健康和促进公开贸易活动的影响,如果需要,还要选择合适的预防和控制措施。

情节设定:构建描述影响食品安全可能途径的范围。这可能包括要考虑加工、检查、储藏、配送和消费者实践。在每一个情节中要使用概率和严重性的值。

敏感性分析:通过测量输入变化引起的输出变化来检测模型性能的一种方法。

阈值:一种物质的剂量或暴露浓度,在这个浓度以下,所陈述的效应就不会被观察到或者不会出现。

透明度:一个过程的特性,在这个过程中,以文件的形式全面、系统地陈述决策发展的合理性和逻辑、限制条件、假设、价值判断、决定、局限性和不确定性等,并易接受评论。

不确定性:缺乏充分或可靠的数据或知识。

不确定分析:对与模型输入、假设和结构或构成相关联的不确定性进行估计的一种方法。

可变性:由于像生物变异、季节变化和可食食品的量等已知的变化而造成的数值的分布。

***Z* 值**:导致死亡率 10 倍增加的温度增加值。例如,温度增加使 D 值降低了 10 倍。

(石阶平 译)

参考文献

Adams, M. & Motarjemi, Y. (1999) *Basic Food Safety for Health Workers*. WHO/SDE/PHE/FOS/99.1. World Health Organisation, Geneva.

Adams, M. R., Little, C. L. & Easter, M. C. (1991) Modelling the effect of pH, acidulant and temperature on the growth rate of *Yersinia enterocolitica*. *J. Appl. Bacteriol*. **71**, 65.

Allos, B. M. (1998) *Campylobacter jejuni* infection as a cause of the Guillain-Barré syndrome. *Emerg. Infect. Dis.* **12**, 173-184.

Altekruse, S. F., Tollefson, L. K. & Bögel, K. (1993) Control strategies for *Salmonella* Enteritidis in five countries. *Food Control* **4**, 10-16.

Anon. (1996) Microbiological guidelines for some ready-to-eat foods sampled at the point of sale: an expert opinion from the Public Health Laboratory Service (PHLS). *PHLS Microbiol. Digest* **13**, 41-43.

Anon. (1999a) Where have all the gastrointestinal infections gone? *EuroSurveill. Wk. Rep.* **3**, 990114.

Anon. (1999b) Opinion of the scientific committee on veterinary measures relating to public health on the evaluation of microbiological criteria for food products of animal origin for human consumption. See Internet site europa.eu.int/comm/food/fs/sc/scv/out26_en.pdf

Anon. (1999c) Egg safety, from production to consumption: an action plan to eliminate *Salmonella* Enteritidis illness due to eggs. President's Council on Food Safety, USA, 10 December 1999. See Internet site. www.foodsafety.gov/~fsg/ceggs.html

ANZFA (1999) *Food Safety Standards - Costs and Benefits*. Australia and New Zealand Food Authority. See Internet site www.anzfa.gov.au

Archer, D. L. & Young F. E. (1988) Contemporary issues: diseases with a food vector. *Clin. Microbiol. Rev.* **1**, 377-398.

Baker, D. A. (1995) Application of modelling in HACCP plan development. *Int. J. Food Microbiol*. **25**, 251-261.

Baik, H. S., Bearson, S., Dunbar, S. & Foster, J. W. (1996) The acid tolerance response of *Salmonella typhimurium* provides protection against organic acids. *Microbiology* **142**, 3195-3200.

Baker, D. A. & Genigeogis, C. (1990) Predicting the safe storage of fresh fish under modified atmospheres with respect to *Clostridium botulinum* toxigenesis by modeling length of the lag phase of growth. *J. Food Protect*. **53**, 131-140.

Baranyi, J. & Roberts, T. A. (1994) A dynamic approach to predicting bacterial growth in food. *Int. J. Food Microbiol.* **23**, 277-294.

Barker, G. C., Talbot, N. L. X. & Peck, M. W. (1999) Microbiological risk assessment for sous-vide foods. In: *Proceedings of Third European Symposium on Sous-Vide*, 25-26 March 1999, pp. 37-46. Alma Sous Vide Centre, Belgium.

Bauman, H. E. (1974) The HACCP concept and microbiological hazard categories. *Food Technol.* **28**, 30-34, 74.

Bemrah, N., Sana, M., Cassin, M. H., Griffiths, M. W. & Cerf, O. (1998) Quantitative risk assessment of human listeriosis from consumption of soft cheese made from raw milk. *Prevent. Vet. Med.* **37**, 129-145.

Bennett, J. V., Homberg, S. D., Rogers, M. F. & Solomon, S. L. (1987) Infectious and parasitic diseases. *Am. J. Prevent. Med.* **55**, 102-114.

Berends, B. R., van Knapen, F., Snijders, J. M. A., Mossel, D. A. A. (1997) Identification and quantification of risk factors regarding *Salmonella* spp. in pork carcasses. *Int. J. Food Microbiol.* **36**, 199-206.

Bettcher, D. W., Yach, D. & Guindon, G. E. (2000) Global trade and health: key linkages and future challenges. *Bull. WHO* **78**, 521-534.

Black, R. E., Levine, M. M., Clements, M. L., Highes, T. P. & Blaster, M. J. (1988) Experimental *Campylobacter jejuni* infection in humans. *J. Infect. Dis.* **157**, *472-479.*

Booth, I. R., Pourkomailian, B., McLaggan, D. & Koo, S.-P. (1994) Mechanisms controlling compatible solute accumulation: a consideration of the genetics and physiology of bacterial osmoregulation. *J. Food Eng.* **22**, 381-397.

Borch, E. & Wallentin, C. (1993) Conductance measurement for data generation in predictive modelling. *J. Ind. Microbiol.* **12**, 286.

Bowers, J., Brown, B., Springer, J., Tollefson, L., Lorentzen, R. & Henry, S. (1993) Risk assessment for aflatoxin: an evaluation based on the multistage model. *Risk Anal.* **13**, 637-642.

Boyd, E. F., Wang, F. S., Whitham, T. S. & Selander, R. K. (1996) Molecular relationship of the salmonellae. *Appl. Env. Microbiol.* **62**, 804-808.

Broughall, J. & Brown, C. (1984) Hazard analysis applied to microbial growth in foods: development and application of three-dimensional models to predict bacterial growth. *J. Food Microbiol.* **1**, 13-22.

Broughall, J. W., Anslow, P. A. & Kilsby, D. C. (1983) Hazard analysis applied to microbial growth in foods: development of mathematical models to predict bacterial growth. *Food Microbiol.* **1**, 12-22.

Brown, M. H., Davies, K. W., Billoon, C. M. P., Adlair, C. & McClure, P. J. (1998) Quantitative microbiological risk assessment: principles applied to determining the comparative risk of salmonellosis from chicken products. *J. Food Protect.* **61**, 1446-1453.

Brown, P., Will, R. G., Bradley, R., Asher, D. & Detwiler, L. (2001) Bovine spongiform encephalopathy and variant Creutzfeld-Jakob disease: background, evolution and current concerns. *Emerg. Inf. Dis.* **7**, 6-16.

Bruce, M. E., Will, R. G., Ironside, J. W. *et al.* (1997) Transmission to mice indicates that 'new variant' CJD is caused by the BSE agent. *Nature* **389**, 498-501.

Brundtland, G. H. (2001) 24th Session of the Codex Alimentarius Commission, Geneva, 2 July 2001. See Internet site www.who.int/fsf.

Buchanan, R. L. (1995) The role of microbiological criteria and risk assessment in HACCP. *Food Microbiol.* **12**, 421-424.

Buchanan, R. L. (1997) National Advisory Committee on Microbiological Criteria for Foods. Principles of risk assessment for illnesses caused by foodborne biological agents. *J. Food Protect.* **60**, 1417-1419.

Buchanan, R. L., Damert, W. G., Whiting, R. C. & Van Schothorst, M. (1997) Use of epidemiologic and food survey data to estimate a purposefully conservative dose-response relationship for *Listeria monocytogenes* levels and incidence of listeriosis. *J. Food Protect.* **60**, 918-922.

Buchanan, R. L. & Edelson, S. G. (1999) Effect of pH-dependent, stationary phase acid resistance on the thermal tolerance of *Escherichia coli* O157:H7. *Food Microbiol.* **16**, 447-458.

Buchanan, R. L. & Lindqvist, R. (2000) Preliminary report. Hazard identification and hazard characterization of *Listeria monocytogenes* in ready-to-eat foods. See Internet site www.fao.org/WAICENT/FAOINFO/ECONOMIC/ESN/pagerisk/mra001.pdf

Buchanan, R. L., Smith, J. L. & Long, W. (2000) Microbial risk assessment: dose-response relations and risk characterization. *Int. J. Food Microbiol.* **58**, 159-172.

Buchanan, R. L. & Whiting, R. (1996) Risk assessment and predictive microbiology. *J. Food Protect.* **59**, Suppl., 31-36.

Buchanan, R. L. & Whiting, R. C. (1998). Risk assessment: a means for linking HACCP plans and public health. *J. Food Protect.* **61**, 1531-1534.

Bunning, V. K., Lindsay, J. A. & Archer, D. L. (1997) Chronic health effects of foodborne microbial disease. *World Health Stat. Quart.* **50**, 51-56.

Buzby, J. C. & Roberts, T. (1997a) Economic costs and trade implications of microbial foodborne illness. *World Health Stat. Quart.* **50**, 57-66.

Buzby, J. C. & Roberts, T. (1997b) Guillain-Barré syndrome increases foodborne disease costs. *Food Rev* **20**, 36-42.

CAC (1993) Codex Guidelines for the Application of the Hazard Analysis Critical Control Point (HACCP) System. Joint FAO/WHO Codex Committee on Food Hygiene. WHO/FNU/FOS/93.3 Annex II. Codex Alimentarius Commission, FAO, Rome.

CAC (1997a) *Hazard Analysis and Critical Control Point (HACCP) System Principles and Guidelines for its Application*. Annex II CAC/RCP-1 1969, Rev 3 M 99/13A Appendix II. Codex Alimentarius Commission, FAO, Rome.

CAC (1997b) Recommended International Code of Practice on the general principles of food hygiene. Annex II CAC/RCP-1 1969, Rev 3 M 99/13A Appendix II. Codex Alimentarius Commission, Rome.

CAC (1997c) Report of the Twenty-second Session, Codex Alimentarius Commission, Joint FAO/WHO Foods Standards Programme, Geneva, 23-28 June 1997. Alinorm 97/37. Codex Alimentarius Commission, FAO, Rome.

CAC (1998) *Draft Principles and Guidelines for the Conduct of Microbiological Risk Assessment*. Alinorm 99/13A Appendix II. Codex Alimentarius Commission, FAO, Rome.

CAC (1999) *Principles and Guidelines for the Conduct of Microbiological Risk Assessment*. CAC/GL-30. Codex Allimentarius Commission. FAO, Rome.

CAC (2001) Report of the 32nd meeting of the Codex Committee on Food Hygiene, 1999. See Internet site ftp://ftp.fao.org/codex/ALINORM01/A101_13e.pdf

Carlin, F., Girardin, H., Peck, M. W. *et al.* (2000) Research on factors allowing a risk assessment of spore-forming pathogenic bacteria in cooked chilled foods containing vegetables: a FAIR collaborative project. *Int. J. Food Microbiol.* **60**, 117-135.

Cassin, M. H., Lammerding, A. M., Todd, E. C. D., Ross, W. & McColl, R. S. (1998a) Quantitative risk assessment for *Escherichia coli* O157:H7 in ground beef hamburgers. *Int. J. Food Microbiol.* **41**, 21-44.

Cassin, M. H., Paoli, G. M. & Lammerding, A. M. (1998b) Simulation modeling for microbial risk assessment. *J. Food Protect.* **61**, 1560-1566.

CCFH (1998) Discussion paper on recommendations for the management of microbiological hazards for food in international trade. CX/FX/98/10. Codex Committee on Food Hygiene. FAO, Rome.

CCFH (1999) Management of *Listeria monocytogenes* in foods. Joint FAO/WHO Food Standards Programme, Codex Committee on Food Hygiene. 32nd Session. CX/FH 99/10 p. 27. FAO, Rome.

CCFH (2000) *Proposed Draft Principles and Guidelines for the Conduct of Microbiological Risk Management at Step 3.* Joint FAO/WHO Food Standards Programme, Codex Committee on Food Hygiene, July 2000. CX/FH 00/06. FAO, Rome.

CCFRA (2000) *An Introduction to the Practice of Microbiological Risk Assessment for Food Industry Applications*. Guideline 28. Campden & Chorleywood Food Research Association Group, Leatherhead, UK.

Christensen, B., Rosenquist, H., Sommer, H. & Nielsen N. (2001) Quantitative risk assessment of human illness associated with *Campylobacter jejuni* in broilers. Campylobacter, Helicobacter and related organisms (CHRO) 11th Workshop. Freiberg, Germany. See Internet site www.lst.min.dk/publikationer/publikationer/publikationer/campuk/cameng_ref.doc

Ciarlet, M. & Estes, M. K. (2001) Rotavirus and calicivirus infections of the gastrointestinal tract. *Curr. Opin. Gastroenterol.* **17**, 10-16.

Coghlan, A. (1998) Deadly *E. coli* strains may have come from South America. *New Scientist*, 10 January, p12.

Coleman, M. & Marks, H. (1998) Topics in dose-response modelling. *J. Food Protect* **61**, 1550-1559.

Collinge, J., Sidle, K. C. L., Meads, J., Ironside, J. & Hill, A. F. (1996) Molecular analysis of prion strain variation and the aetiology of 'new variant' CJD. *Nature* **383**, 685-690.

Corlett, D. A. (1998) *HACCP User's Manual*. Aspen, Gaithersburg, MD.

Crockett, C. S., Haas, C. N., Fazil, A., Rose, J. B. & Gerba, C. P. (1996) Prevalence of shigellosis in the US: consistency with dose-response information. *Int. J. Food Microbiol.* **30**, 87-99.

Crutchfield, S. R., Buzby, J. C., Roberts, T. & Ollinger, M. (1999) *FoodReview* **22**, 6-9.

DeNijs, M., van Egmond, H. P., Rombouts, F. M. & Notermans, S.H.W. (1997) Identification of hazardous *Fusarium* secondary metabolites occurring in raw food materials. *J. Food Safety* **17**, 161-191.

Desselberger, U. (1996) Genome rearrangements of rotaviruses. *Arch. Virol.* **11**, 37-51.

Desselberger, U. (1998) Viral gastroenteritis. *Curr. Opin. Infect. Dis.* **11**, 565-575.

Ebel, E. D., Kasuga, F., Schlosser, W. & Yamamoto, S. (2000) Exposure assessment of *Salmonella* Enteritidis in eggs. JEMRA. See Internet site www.fao.org/WAICENT/FAOINFO/ECONOMIC/ESN/pagerisk/mra004.pdf

Elliott, P. H. (1996) Predictive microbiology and HACCP. *J. Food Protect.* (Suppl), 48-53.

European Commission (1999) Opinion on principles for the development of risk assessment of microbiological hazards under the hygiene of foodstuffs Directive 93/43/EEC. See Internet site http://europa.eu.int/comm/food/fs/sc/scv/out26_en.pdf

Ewing, W. H. (1986) The taxonomy of *Enterobacteriaceae*, isolation of *Enter-*

obacteriaceae and preliminary identification. The genus *Salmonella*. In: *Identification of Enterobacteriaceae*, 4th edn (eds Edwards, P. & Ewing, W. H.) pp. 1-91, 181-318. Elsevier, New York.

FAO/WHO (1995) *Application of risk analysis to food standards issues*. Report of the Joint FAO/WHO Expert Consultation. World Health Organisation, Geneva. WHO/FNU/FOS/95.3.

FAO/WHO (1997a) *Risk management and food safety*. FAO Food and Nutrition paper no. 65. Food and Agriculture Organisation, Rome.

FAO/WHO (1997b) Codex Alimentarius ALINORM 97/13A, Vol. 1B, General Requirements (Food Hygiene) Supplement. Pre-publication.

FAO/WHO (1998) *The application of risk communication to food standards and safety matters*. FAO Food and Nutrition paper no. 70. Food and Agriculture Organisation, Rome.

FAO/WHO (1999) Risk assessment of microbiological hazards in foods. Report of a Joint FAO/WHO Expert Consultation, Geneva, 15-19 March 1999. See Internet site www.who.int/fsf/mbriskassess/Consultation99/reporam.pdf

FAO/WHO (2000a). *Report of the Joint FAO/WHO expert consultation on risk assessment of microbiological hazards in foods*, Rome, 17-21 July 2000. See Internet site www.fao.org.ES/ESN/pagerisk/rskpage.htm

FAO/WHO (2000b) Activities on risk assessment of microbiological hazards in foods. Preliminary document: *WHO/FAO Guidelines on hazard characterization for pathogens in food and water*. See Internet site www.fao.org/WAICENT/FAOINFO/ECONOMIC/ESN/pagerisk/mra006.pdf

Farber, J. M. and Peterkin, P. I. (1991) *Listeria monocytogenes*: a food-borne pathogen. *Microbiol. Rev.* **55**, 476-511.

Farber, J. M., Ross, W. H. & Harwig, J. (1996) Health risk assessment of *Listeria monocytogenes* in Canada. *Int. J. Food Microbiol.* **30**, 145-156.

Fazil, A. M., Lammerding, A. & Ellis, A. (2000b) A quantitative risk assessment model for *Campylobacter jejuni* on chicken. See Internet site www.who.int/fsf/mbriskassess/studycourse/index.html

Fazil, A., Lammerding, A., Morales, R., Vicari, A. S. & Kasuga, F. (2000a) Hazard identification and hazard characterization of *Salmonella* in broilers and eggs. See Internet site www.fao.org/WAICENT/FAOINFO/ECONOMIC/ESN/pagerisk/mra003.pdf

FDA (1998) A proposed framework for evaluating and assuring the human safety of the microbial effects of antimicrobial new animal drugs intended for use in food-producing animals. See Internet site www.fda.gov/cvm/fda/mappgs/whjatsnew.html

FDA (1999) Structure and initial data survey for the risk assessment of the public health impact of foodborne *Listeria monocytogenes*. Preliminary information is at Internet site vm.cfsan.fda.gov/~dms/listrisk.html

FDA (2000a) Draft risk assessment on the human health impact of fluoroquinolone resistant *Campylobacter* associated with the consumption of chicken. Revised 9 Feb 2000. See Internet site www.fda.gov/cvm/fda/mappgs/ra/risk.htm

FDA (2000b) Draft risk assessment on the public health impact of *Vibrio parahaemolyticus* in raw molluscan shellfish. See Internet site www.cfsan.fda.gov/~dms/vprisk.html

FDA (2001) Draft assessment of the public health impact of foodborne *Listeria monocytogenes* among selected categories of ready-to-eat foods. Center for Food Safety and Applied Nutrition (FDA) and Food Safety Inspection Service

(FSIS), United States Department of Agriculture. See Internet site www.foodsafety.gov/~dms/lmrisk.html

Ferguson, N. M., Donnelly, C. A., Ghani, A. C. & Anderson, R. M. (1999) Predicting the size of the epidemic of the new variant of Creutzfeldt-Jakob disease. *Br. Food J.* **101**, 86-98.

Fleet, G. H., Heiskanen, P., Reid, I. & Buckle, K. A. (2000) Foodborne viral illness - status in Australia. *Int. J. Food Microbiol.* **59**, 127-134.

Forsythe, S. J. (2000) *The Microbiology of Safe Food*. Blackwell Science, Oxford. See Internet site www.blackwell-science.com/Microsafefood; companion Internet site science.ntu.ac.uk/external/foodmicrobiol.htm

Forsythe, S. J., Dolby, J. M., Webster, A. D. B. & Cole, J. A., (1988) Nitrate- and nitrite-reducing bacteria in the achlorhydric stomach. *J. Med. Microbiol.* **25**, 253-259.

Forsythe, S. J. & Hayes, P. R. (1998) *Food hygiene, Microbiology and HACCP*, 3rd edn. Aspen, Gaithersburg, USA.

Frenzen, P. D., Riggs, T. L., Buzby, J. C., Breuer, T., Roberts, T., Voetsch, D., Reddy, S. & the FoodNet Working Group. (1999) *Salmonella* cost estimate updated using FoodNet data. *FoodReview* **22**, 10-15.

FSIS (Food Safety Inspection Service) (1998) *Salmonella* Enteritidis risk assessment. Shell eggs and egg products. See Internet site www.europa.eu.int/comm/dg24/health/sc/scv/out26_en.html.

Gale, P. (1998) Quantitative BSE risk assessment: relating exposures to risk. *Lett. Appl. Microbiol.* **27**, 239-242.

Gale, P. (2001) A review: developments in microbiological risk assessment for drinking water. *J. Appl. Microbiol.* **91**, 191-205.

Gale, P., Young, C. Stanfield, G & Oakes, D. (1998) A review: development of a risk assessment for BSE in the aquatic environment. *J. Appl. Microbiol.* **84**, 467-477.

GATT (1994) The application of the Uruguay round of multilateral trade negotiations: the legal texts. World Trade Organisation, Geneva. ISBN 92-870-1121-4.

Gerba, C. P., Rose, J. B. & Haas, C. N. (1996) Sensitive populations: who is at the greatest risk? *Int. J. Food Microbiol.* **30**, 87-99.

Gibson, A., Bratchell, N. & Roberts, T. (1988) Predicting microbial growth: growth responses of salmonellae in a laboratory medium as affected by pH, sodium chloride and storage temperature. *Int. J. Food Microbiol.* **6**, 155-178.

Gill, C. O. & Phillips, D. M. (1985) The effect of media composition on the relationship between temperature and growth rate of *Escherichia coli*. *Food Microbiol.* **2**, 285.

Golnazarian, C. A., Donnelly, C. W., Pintauro, S. J., *et al.* (1989) Comparison of infectious dose of *Listeria monocytogenes* F5817 as determined for normal versus compromised C57B1/6J mice. *J. Food Protect.* **52**, 696-701.

Granum, A. F. & Lund, B. M. (1997) *Bacillus cereus* and its food poisoning toxins. *FEMS Microbiol. Lett.* **157**, 223-228.

Haas, C. N. (1983) Estimation of the risk due to low doses of microorganisms: a comparison of alternative methodologies. *Am. J. Epidemiol.* **118**, 573-582.

Haas, C. (1999) On modeling correlated random variables in risk assessment. *Risk Anal.* **19**, 1205-1213.

Haas, C. N., Rose, J. B. & Gerba, C. P. (1999) *Quantitative Microbial Risk Assessment*. John Wiley & Sons, New York.

Haas, C. N., Thayyar-Madabusi, A., Rose, J. B. & Gerba, C. P. (2000) Development of a dose-response relationship for *Escherichia coli* O157:H7. *Int. J. Food Microbiol.* **56**, 153-159.

Hald, T., Vose, D. & Wegener, H. C. (2001) Quantifying the contribution of animal-food sources to human salmonellosis in Denmark in 1999. See Internet site www.lst.min.dk/publikationer/publikationer/publikationer/campuk/camenga_ref.doc

Harrigan, W. F. & Park, R. A. (1991) *Making safe food. A Management Guide for Microbiological Quality*. Academic Press, London.

Hart, C. A. & Cunliffe, N. A. (1999) Viral gastroenteritis. *Curr. Opin. Infect. Dis.* **12**, 447-457.

Hauschild, A. H. W., Hilsheimer, R., Jarvis, G. & Raymond, D. P. (1982) Contribution of nitrite to the control of *Clostridium botulinum* in liver sausage. *J. Food Protect.* **45**, 500-506.

Heitzier, A., Kohler, H. E., Reichert, P. & Hamer, G. (1991) Utility of phenomenological models for describing temperature dependence of bacterial growth. *Appl. Environ. Microbiol.* **57**, 2656.

Hendrickx, M., Ludikhuyze, L., Vanden Broeck, I. & Weemaes, C. (1998) Effects of high pressure on enzymes related to food quality. *Trends Food Sci. Technol.* **9**, 197-203.

Holcomb, D. L., Smith, M. A., Ware, G. O., Hung, Y. C., Brackett, R. E. & Doyle, M. P. (1999) Comparison of six dose-response models for use with food-borne pathogens. *Risk Anal.* **19**, 1091-1100.

Hoornstra, E. & Notermans, S. (2001) Quantitative microbiological risk assessment. *Int. J. Food Microbiol.* **66**, 21-29.

Huisman, G. W. & Kolter, R. (1994) Sensing starvation: a homoserine lactone-dependent signalling pathway in *Escherichia coli*. *Science* **265**, 537-539.

ICMSF (International Commission on Microbiological Specifications for Foods) (1986) *Microorganisms in Foods*, Vol. 2. *Sampling for Microbiological Analysis: Principles and Specific Applications*. University of Toronto Press, Toronto.

ICMSF (1988). *Microorganisms in Foods*, Vol. 4. *HACCP in Microbiological Safety and Quality*. Blackwell, Oxford, England.

ICMSF (1996a) *Microorganisms in Foods*, Vol. 5. *Characteristics of Microbial Pathogens (Microbiological Specifications of Food Pathogens)*. Blackie, London.

ICMSF (1996b) The International Commission on Microbiological Specifications for Foods: update. *Food Control* **7**, 99-101.

ICMSF (1997) Establishment of microbiological safety criteria for foods in international trade. *World Health Stat. Quart.* **50**, 119-123.

ICMSF (1998a) *Microorganisms in Foods*, Vol. 6. *Microbial Ecology of Food Commodities*. Blackie, London.

ICMSF (1998b) Principles for the establishment of microbiological food safety objectives and related control measures. *Food Control* **9**, 379-384.

ICMSF (1998c) Potential application of risk assessment techniques to microbiological issues related to international trade in food and food products. *J. Food Protect.* **61**, 1075-1086.

ILSI (1996) A conceptual framework to assess the risks of human disease following exposure to pathogens. ILSI Risk Science Institute Pathogen Risk Assessment working group report. *Risk Anal.* **16**, 841-848.

ILSI (1998a) *Food Safety Management Tools.* (eds J. L. Jouve, M. F. Stringer & A. C. Baird-Parker). Report prepared under the responsibility of ILSI Europe Risk

Analysis in Microbiology task force. International Life Sciences Institute, Belgium.

ILSI (1998b) Principles for the development of risk assessment of microbiological hazards under directive 93/43/EEC concerning the hygiene of foodstuffs. European Commission. Sept. 1997. Download from http://europa.eu.int.

ILSI (2000) Revised framework for microbial risk assessment. An ILSI Risk Science Institute workshop report. International Life Sciences Institute. See Internet site www.ilsi.org/file/mrabook.pdf

Inouye, S., Yamashita, K., Yamadera, S., *et al.* (2000) Surveillance of viral gastroenteritis in Japan: pediatric cases and outbreak incidents. *J. Infect. Dis.* **181**, S270–S274.

JEMRA (2000) Preliminary document: WHO/FAO guidelines on hazard characterization for pathogens in food and water. See Internet site www.fao.org/WAICENT/FAOINFO/ECONOMIC/ESN/pagerisk/mra006.pdf

Jones, J. E. (1993) A real-time database/models base/expert system in predictive microbiology. *J. Ind. Microbiol.* **12**, 268.

Jouve, J. L. (2001) Reducing the microbiological food safety risk: a major challenge for the 21st century. WHO Strategic Planning Meeting, Geneva, 20–21 February 2001. See Internet site www.who.int/fsf/mbriskassess/index.htm

Kalchayanand, N., Sikes, A., Dunne, C. P. & Ray, B. (1998) Factors influencing death and injury of foodborne pathogens by hydrostatic pressure-pasteurization. *Food Microbiol.* **15**, 207–214.

Kelly, L., Anderson, W. & Snary, E. (2000) Preliminary report: exposure assessment of *Salmonella* spp. in broilers. JEMRA. See Internet site www.fao.org/WAICENT/FAOINFO/ECONOMIC/ESN/pagerisk/mra005.pdf

Klapwijk, P. M., Jouve, J.-L. & Stringer, M. F. (2000) Microbiological risk assessment in Europe: the next decade. *Int. J. Food Microbiol.* **58**, 223–230.

Kleerebezem, M., Quadri, L. E. N., Kuipers, O. P. & De Vos, W. M. (1997) Quorum sensing by peptide pheromones and two-component signal-transduction systems in gram-positive bacteria. *Mol. Microbiol.* **24**, 895–904.

Knorr, D. (1993) Effects of high-hydrostatic pressure processes on food safety and quality. *Food Technol.* **47**, 156–162.

Kothary, M. H. & Babu, U. S. (2001) Infective dose of foodborne pathogens in volunteers: a review. *J. Food Safety* **21**, 49–73.

Kramer, J. M. & Gilbert, R. J. (1989) *Bacillus cereus* and other *Bacillus* species. In *Foodborne Bacterial Pathogens*, ed. M. P. Doyle, pp. 21–70. Marcel Dekker, New York.

Kwon, Y. M. & Ricke, S. C. (1998) Induction of acid resistance of *Salmonella typhimurium* by exposure to short-chain fatty acids. *Appl. Env. Microbiol.* **64**, 3458–3463.

Lammerding, A. M. (1997) An overview of microbial food safety risk assessment. *J. Food Protect.* **60**, 1420–1425.

Lammerding, A. M. & Fazil, A. (2000) Hazard identification and exposure assessment for microbial food safety risk assessment. *Int. J. Food Microbiol.* **58**, 147–158.

Lammerding, A. M. & Paoli, G. M. (1997) Quantitative risk assessment: an emerging tool for emerging foodborne pathogens. *Emerg. Infect. Dis.* **3**, 483–487.

Langeveld, L. P. M., van Spoosen, W. A., van Beresteijn, E. C. H. & Notermans, S. (1996) Consumption by healthy adults of pasteurised milk with a high concentration of *Bacillus cereus*: a double-blind study. *J. Food Protect.* **59**, 723–726.

Lederberg, J. (1997) Infectious disease as an evolutionary paradigm. *Emerg. Infect. Dis.* **3**, 417-423.

Li, S. Z., Marquardt, R. R. & Abramson, D. (2000) Immunochemical defection of molds: a review. *J. Food Protect.* **63**, 281-291.

Lindqvist, R. & Westöö, A. (2000) Quantitative risk assessment for *Listeria monocytogenes* in smoked or gravad salmon and rainbow trout in Sweden. *Int. J. Food Microbiol.* **58**, 181-196.

Lindroth, S. E. & Genigeorgis, C. A. (1986) Probability of growth and toxin production by nonproteolytic *Clostridium botulinum* in rockfish stored under modified atmospheres. *Int. J. Food Microbiol.* **3**, 167-181.

Lindsay, J. A. (1997) Chronic sequelae of foodborne disease. *Emerg. Infect. Dis.* **3**, 443-452.

Lund, B. M., Graham, A. F., George, S. M. & Brown, D. (1990) The combined effect of inoculation temperature, pH and sorbic acid on the probability of growth of non-proteolytic type B *Clostridium botulinum*. *J. Appl. Bacteriol.* **69**, 481-492.

Lundgren, O. & Svensson, L. (2001) Pathogenesis of rotavirus diarrhea, *Microbes Infect.* **3**, 1145-1156.

McClure, P. J., Boogard, E., Kelly, T. M., Baranyi, J. & Roberts, T. A. (1993) A predictive model for the combined effects of pH, sodium chloride and temperature, on the growth of *Brochothrix thermosphacta*. *Int. J. Food Microbiol.* **19**, 161-178.

McCullough, N. B. & Eisele, C. W. (1951a) Experimental human salmonellosis. I. Pathogenicity of strains of *Salmonella meleagridis* and *Salmonella anatum* obtained from spray-dried whole egg. *J. Infect. Dis.* **88**, 278-289.

McCullough, N. B. & Eisele, C. W. (1951b) Experimental human salmonellosis. II. Pathogenicity of strains of *Salmonella newport*, *Salmonella derby* and *Salmonella bareilly* obtained from spray-dried whole egg. *J. Infect. Dis.* **89**, 209-213.

McCullough, N. B. & Eisele, C. W. (1951c) Experimental human salmonellosis. III. Pathogenicity of strains of *Salmonella pullorum* obtained from spray-dried whole egg. *J. Infect. Dis.* **89**, 259-266.

McDonald, K. & Sun, D.-W. (1999) Predictive food microbiology for the meat industry: a review. *Int. J. Food Microbiol.* **52**, 1-27.

McLauchlin, J. (1990a) Human listeriosis in Britain, 1967-85: a summary of 722 cases. 1. Listeriosis during pregnancy and in the newborn. *Epidemiol. Infect.* **104**, 181-189.

McLauchlin, J. (1990b) Distribution of serovars of *Listeria monocytogenes* isolated from different categories of patients with listeriosis. *Eur. J. Clin. Microbiol. Infect. Dis.* **9**, 201-203.

McMeekin, T. A., Olley, J. N., Ross, T. & Ratkowsky, D. A. (1993) *Predictive Microbiology*. John Wiley & Sons, Chichester.

McNab, W. B. (1998) Review: a general framework illustrating an approach to quantitative microbial food safety risk assessment. *J. Food Protect.* **61**, 1216-1228.

Mansfield, L. P. & Forsythe, S. J. (2001) Demonstration of the Rb_1 lipopolysaccharide core structure in *Salmonella* strains with the monoclonal antibody M105. *J. Med. Microbiol.* **50**, 339-344.

Mantle, P. (1999) Risk assessment and the importance of ochratoxins. Paper presented at *Risk assessment and management of microbial hazards associated with food and water*, Joint meeting of Society for General Microbiology and Biodeterioration Society, Sheffield, 11-12 January 1999.

Marks, H. M., Coleman, M. E., Lin, J. C.-T & Roberts, T. (1998) Topics in microbial risk assessment: dynamic flow tree process. *Risk Anal.* **18**, 309-328.

Martin, S. A., Wallsten, T. S. & Beaulieu, N. D. (1995) Assessing the risk of microbial pathogens: application of a judgment-encoding methodology. *J. Food Protect.* **58**, 289-295.

Mead, P. S., Slutsker, L., Dietz, V., McCaig, L. F., Bresee, J. S., Shapiro, C., Griffin, P. M. & Tauxe, R. V. (1999) Food-related illness and death in the United States. *Emerg. Infect. Dis.* **5**, 607-625.

Medema, G. J. & Schijven, J. F. (2001) Modelling the sewage discharge and dispersion of *Cryptosporidium* and *Giardia* in surface water. *Water Res.* **35**, 4307-4316.

Medema, G. J., Teunis, P. F. M., Havelaar, A. H. & Haas, C. N. (1996) Assessment of the dose-response relationship of *Campylobacter jejuni*. *Int. J. Food Microbiol.* **30**, 101-111.

Meng, J. & Genigeorgis, C. A. (1993) Model lag phase of nonproteolytic *Clostridium botulinum* toxigenesis in cooked turkey and chicken breast as affected by temperature, sodium lactate, sodium chloride and spore inoculum. *Int. J. Food Microbiol.* **19**, 109-122.

Miller, A. J., Whiting, R. C. & Smith, J. L. (1997) Use of risk assessment to reduce listeriosis incidence. *Food Technol.* **51**, 100-103.

Mintz, E. D., Cartter, M. L., Hadler, J. L., Wassell, J. T., Zingeser, J. A. & Tauxe, R. V. (1994) Dose-response effects in an outbreak of *Salmonella* Enteritidis. Epidemiol. Infect. **112**, 13-19.

Mitchell, R. T. (2000) *Practical Microbiological Risk Analysis*. Chandos, Oxford.

Morris, J. G., Jr. & Potter, M. (1997) Emergence of new pathogens as a function of changes in host susceptibility. *Emerg. Infect. Dis.* **3**, 435-441.

Mortimore, S. & Wallace, C. (1994) *HACCP - A Practical Approach*. Practical Approaches to Food Control and Food Quality Series No. 1. Chapman & Hall, London.

Moss, M. O. (1999) Risk assessment for aflatoxins in foodstuffs. Paper presented at *Risk assessment and management of microbial hazards associated with food and water*, Joint meeting of Society for General Microbiology and Biodeterioration Society, Sheffield, 11-12 January 1999.

Mossel, D. A. A. (1988) Impact of foodborne pathogens on today's world and prospects for management. *Int. J. Food Microbiol.* **7**, 205-209.

NACMCF (National Advisory Committee on Microbiological Criteria for Foods) (1992) Hazard analysis and critical control point system. *Int. J. Food Microbiol.* **16**, 1-23.

NACMCF (National Advisory Committee on Microbiological Criteria for Foods) (1998a) Principles of risk assessment for illness caused by foodborne biological agents. *J. Food Protect.* **16**, 1071-1074.

NACMCF (National Advisory Committee on Microbiological Criteria for Foods) (1998b) Hazard analysis and critical control point principles and application guidelines. *J. Food Protect.* **61**, 1246-1259.

National Academy of Sciences, USA (1983) *Elements of Risk Assessment and Risk Management*. National Academy Press, Washington, DC, USA.

Nauta, M. J. (2000) Separation of uncertainty and variability in quantitative microbial risk assessment models. *Int. J. Food Microbiol.* **57**, 9-18.

Norman, J. (1999) Risk assessment for patulin in apples. Paper presented at *Risk assessment and management of microbial hazards associated with food and water*, Joint meeting of Society for General Microbiology and Biodeterioration Society, Sheffield, 11-12 January 1999.

Notermans, S. & Batt, C.A. (1998) A risk assessment approach for food-borne *Bacillus cereus* and its toxins. *J. Appl. Microbiol.* (Suppl.) **84**, 51S-61S.

Notermans, S., Dufrenne, J., Teunis, P., Beumer, R., te Giffel, M. & Peeters Weem, P. (1997) A risk assessment study of *Bacillus cereus* present in pasteurised milk. *Food Microbiol.* **14**, 143-151.

Notermans, S., Dufrenne, J., Teunis, P. & Chackraborty, T. (1998a) Studies on the risk assessment of *Listeria monocytogenes*. *J. Food Protect.* **61**, 244-248.

Notermans, S. Gallhoff, G., Zweitering, M. H. & Mead, G. C. (1995) The HACCP concept: specification of criteria using quantitative risk assessment. *Food Microbiol.* **12**, 81-90.

Notermans, S & van der Giessen, A. (1993) Foodborne diseases in the 1980's and 1990's: the Dutch experience. *Food Contam.* **4**, 122-124.

Notermans, S., Hoornstra, E., Northolt, M. D. & Hofstra, H. (1999) How risk analysis can improve HACCP. *Food Sci. Technol. Today* **13**, 49-54.

Notermans, S. & Mead, G. C. (1996) Incorporation of elements of quantitative risk analysis in the HACCP system. *Int. J. Food Microbiol.* **30**, 157-173.

Notermans, S., Mead, G. C. & Jouve, J. L. (1996) Food products and consumer protection: a conceptual approach and glossary of terms. *Int. J. Food Microbiol.* **30**, 175-183.

Notermans, S., Nauta, M. J., Jansen, J., Jouve, J. L. & Mead, G. C. (1998b) A risk assessment approach to evaluating food safety based on product surveillance. *Food Control* **9**, 217-223.

Notermans, S. & Teunis, P. (1996) Quantitative risk analysis and the production of microbiologically safe food: an introduction. *Int. J. Food Microbiol.* **30**, 9-25.

NRC (National Research Council) (1993) *Risk Assessment in the Federal Government: Managing the Process*. National Academy Press, Washington DC.

NRC (National Research Council) (1994) *Science and Judgement in Risk Assessment*. National Academy Press, Washington DC.

NRC (National Research Council) (1998) *Ensuring Safe Food from Production to Consumption*. National Academy Press, Washington DC.

Oscar, T. P. (1998a) Growth kinetics of *Salmonella* isolates in a laboratory medium as affected by isolate and holding temperature. *J. Food Protect.* **61**, 964-968.

Oscar, T. P. (1998b) The development of a risk assessment model for use in the poultry industry. *J. Food Safety* **18**, 371-381.

Oscar, T. P. (1999a) Response surface models for effects of temperature, pH, and previous growth pH on growth kinetics of *Salmonella typhimurium* in brain-heart infusion broth. *J. Food Protect.* **62**, 106-111.

Oscar, T. P. (1999b) Response surface models for effects of temperature, pH, and previous temperature on lag-time and specific growth rate of *Salmonella typhimurium* on cooked chicken breast. *J. Food Protect.* **62**, 1111-1114.

Oscar, T. P. (1999c) Response surface models for effects of temperature and previous growth sodium chloride on growth kinetics of *Salmonella typhimurium* on cooked chicken breast. *J. Food Protect.* **62**, 1470-1474.

Paoli, G. (Unpublished) Health Canada risk assessment model for *Salmonella* Enteritidis. (Quoted by Fazil *et al.* 2000a.)

Peeler, J. T. & Bunning, V. K. (1994) Hazard assessment of *Listeria monocytogenes* in the processing of bovine milk. *J. Food Protect.* **57**, 689-697.

Peterson, W. L., MacKowiak, P. A., Barnett, C. C., Marling-Cason, M. & Haley, M. L. (1989) The human gastric bactericidal barrier: mechanisms of action, relative antibacterial activity, and dietary influences. *J. Infect. Dis.* **159**, 979-983.

Ponka, A., Maunula, L., von Bonsdorff, C. H. & Lyytikainen, O. (1999) An outbreak of calicivirus associated with consumption of frozen raspberries. *Epidemiol. Infect.* **123**, 469-474.

Potter, M. E. (1996) Risk assessment terms and definitions. *J. Food Protect.* (Suppl.) 6-9.

Pruitt, K. M. & Kamau, D. N. (1993) Mathematical models of bacterial growth, inhibition and death under combined stress conditions. *J. Ind. Microbiol.* **12**, 221.

Rees, C. E. D., Dodd, C. E. R., Gibson, P. T., Booth, I. R. & Stewart, G. S. A. B. (1995) The significance of bacteria in stationary phase to food microbiology. *Int. J. Food Microbiol.* **28**, 263-275.

Richards, G. P. (2001) Enteric virus contamination of foods through industrial practices: a primer on intervention strategies. *J. Ind. Microbiol. Biotechnol.* **27**, 117-125.

Roberts, J. A. (1996) *Economic Evaluation of Surveillance*. Department of Public Health and Policy, London.

Roberts, T. A. & Gibson, A. M. (1986) Chemical methods for controlling *Clostridium botulinum* in processed meats. *Food Technol.* **40**, 163-171.

Robinson, A., Gibson, A. M. & Roberts, T. A. (1982) Factors controlling the growth of *Clostridium botulinum* types A and B in pasteurized, cured meat. V. Prediction of toxin production: non-linear effects of storage temperature and salt concentration. *J. Food Protect.* **17**, 727-744.

Robinson, D. A. (1981) Infective dose of *Campylobacter jejuni* in milk. *Br. Med. J.* **282**, 1584.

Rose, J. B., Haas, C. N. & Gerba, C. P. (1995) Linking microbiological criteria for foods with quantitative risk assessment. *J. Food Safety* **15**, 121-132.

Rose, J. B., Haas, C. N. & Regli, S. (1991) Risk assessment and control of waterborne giardiasis. *Am. J. Publ. Health* **81**, 709-713.

Rose, J. B. & Sobsey, M. D. (1993) Quantitative risk assessment for viral contamination of shellfish and coastal waters. *J. Food Protect.* **56**, 1043-1050.

Ross, T. & McMeekin, T. A. (1994) Review paper: predictive microbiology. *Int. J. Food Microbiol.* **23**, 241-264.

Ross, T., Todd, E. & Smith, M. (2000, Withdrawn) Preliminary report: exposure assessment of *Listeria monocytogenes* in ready-to-eat foods. JEMRA. See Section 4.4.2.

Ross, W. (Unpublished) From exposure to illness: building a dose-response model for risk assessment. (Quoted by Fazil *et al.* 2000a.)

Rowan, N. J., Anderson, J. G. and Smith, J. E. (1998) Potential infective and toxic microbiological hazards associated with the consumption of fermented foods. In: *Microbiology of Fermented Foods* (ed. B.J.B. Wood), pp. 263-307. Blackie Academic and Professional, London.

Ruthven, P. K. (2000) Food and health economics in the 21st century. Asia Pacific J. Clin. Nutr. **9** (Suppl.) S101-S102.

Schellekens, M., Martens, T. & Roberts, T. A. *et al.* (1994) Computer aided microbial safety design of food processes. *Int. J. Food Microbiol.* **24**, 1-9.

Schiff, G. M., Stefanovic, E., Young, E. C., Sander, D. S., Pennekamo, J. K. & Ward, R. L. (1984) Studies of Echovirus 12 in volunteers: determination of minimal infectious dose and the effect of previous infection on infectious dose. *J. Infect. Dis.* **150**, 858–866.

SCOOP (1998) *Reports on tasks for scientific co-operation. Microbiological Criteria: collation of scientific and methodological information with a view to the assessment of microbiological risk for certain foodstuffs.* Report of experts participating in Task 2.1, European Commission, EUR 17638. Office for Official Publications of the European Communities, Luxemburg.

Scudamore, K. A. Current views of the significance and risk of fumonisins in maize. Paper presented at *Risk assessment and management of microbial hazards associated with food and water*, Joint meeting of Society for General Microbiology and Biodeterioration Society, Sheffield, 11–12 January 1999.

Serra, J. A., Domenech, E., Escriche, I. & Martorelli, S. (1999) Risk assessment and critical control points from the production perspective. *Int. J. Food Microbiol.* **46**, 9–26.

Sethi, D., Cumberland, P., Hudson, M. J., *et al.* (2001) A study of infectious intestinal disease in England: risk factors associated with group A rotavirus in children. *Epidemiol. Infect.* **126**, 63–70.

Shaw, R. D. (2000) Viral infections of the gastrointestinal tract. *Curr. Opin. Gastroenterol.* **16**, 12–17.

Shier, W. T. (2000) The fumonisin paradox: a review of research on oral bioavailability of fumonisin B-1, a mycotoxin produced by *Fusarium moniliforme*. *J. Toxicol.-Toxin Rev.* **19**, 161–187.

Skirrow, M. B. (1991) Epidemiology of *Campylobacter* enteritis. *Int. J. Food Microbiol.* **12**, 9–16.

Slauch, J., Taylor, R. & Maloy, S. (1997) Survival in a cruel world: how *Vibrio cholerae* and *Salmonella* respond to an unwilling host. *Genes Develop.* **11**, 1761–1774.

Snyder, O. P., Jr (1995) HACCP-TQM for retail and food service operations. In: *Advances in Meat Research*, Vol. 10. *HACCP in Meat, Poultry and Fish Processing* (eds A. M. Pearson & T. R. Dutson), pp. 230–299. Blackie, London.

Soker, J. A., Eisenberg, J. N. & Olivier, A. W. (1999) Case study: human infection through drinking water exposure to human infectious rotavirus. ILSI Research Foundation. Risk Science Institute, Washington.

Sparks, P. & Shepherd, R. (1994) Public perceptions of the potential hazards associated with food production and food consumption: an empirical study. *Risk Anal.* **14**, 799–806.

Stringer, S. C., George, S. M. & Peck, M. W. (2000) Thermal inactivation of *Escherichia coli* O157:H7. *J. Appl. Microbiol.* **88**, (Suppl.) 79S–89S.

Surkiewicz, B. F., Johnson, R. W., Moran, A. B. & Krumm, G. W. (1969) A bacteriological survey of chicken eviscerating plants. *Food Technol.* **23**, 1066–1069.

Sutherland, J. P. & Bayliss, A. J. (1994) Predictive modeling of growth of *Yersinia enterocolitica*: the effects of temperature, pH and sodium chloride. *Int. J. Food Microbiol.* **21**, 197–215.

Sutherland, J. P., Bayliss, A. J. & Roberts, T. A. (1994) Predictive modeling of growth of *Staphylococcus aureus*: the effects of temperature, pH and sodium chloride. *Int. J. Food Microbiol.* **21**, 217–236.

Sutherland, J. P., Bayliss, A. J. & Roberts, T. A. (1995) Predictive modeling of growth of *Escherichia coli* O157:H7: the effects of temperature, pH and sodium chloride. *Int. J. Food Microbiol.* **25**, 29–49.

Tauxe, R. V. (1997) Emerging foodborne diseases: an evolving public health challenge. *Emerg. Infect. Dis.* **3**, 425-434.

te Giffel, M. C., Beumer, R. R., Granum, P. E. & Rombous, F. M. (1997) Isolation and characterisation of *Bacillus cereus* from pasteurised milk in household refrigerators in The Netherlands. *Int. J. Food Microbiol.* **34**, 307-318.

Teunis, P. F. M. & Havelaar, A. H. (1999) *Cryptosporidium* in drinking water: evaluation of the ILSI/RSI quantitative risk assessment framework. Report 284-530-006, National Institute of Public Health and the Environment, Bilthoven, The Netherlands.

Teunis, P., Havelaar, A., Vliegenthart, J. & Roessink, C. (1997) Risk assessment of *Campylobacter* species in shellfish: identifying the unknown. *Water Sci. Technol.* **35**, 29-34.

Teunis, P. F. M., van der Heijden, O. G., van der Giessen, J. W. B. & Havelaar, A. H. (1996) The dose-response relation in human volunteers for gastro-intestinal pathogens. Report 284-550-002, National Institute of Public Health and the Environment, Bilthoven, The Netherlands.

Teunis, P. F. M., Nagelkerke, N. J. D. & Haas, C. N. (1999) Dose response models for infectious gastroenteritis. *Risk Anal.* **19**, 1251-1260.

Thayer, D., Muller, W., Buchanan, R. & Philips, J. (1987) Effect of NaCl, pH, temperature, and atmosphere in growth of *Salmonella typhimurium* in glucose-mineral salts medium. *Appl. Environ. Microbiol.* **53**, 1311-1315.

Thomas, P. & Newby, M. (1999) Estimating the size of the outbreak of new-variant CJD. *Br. Food J.* **101**, 44-57.

Thomson, G. T. D., Derubeis, D., Hodge, M. A., *et al.* (1995) Post-*Salmonella* reactive arthritis: late clinical sequelae in a point-source cohort. *Am. J. Med.* **98**, 13-21.

Thorns, C. J. (2000) Bacterial food-borne zoonoses. *Rev. Sci. Tech. Off. Int. Epiz.* **19**, 226-239.

Todd, E. C. D. (1989) Preliminary estimates of costs of foodborne disease in Canada and costs to reduce salmonellosis. *J. Food Protect.* **52**, 586-594.

Todd, E. C. D. (1996) Risk assessment of use of cracked eggs in Canada. *Int. J. Food Microbiol.* **30**, 125-143.

Todd, E. C. D., Farber, J. M., Rivers, M.-A., Smith, M. & Ross, W. H. (1999) Quantitative risk assessment for *Listeria monocytogenes* in cabbage in Canada. Health Canada report. (Unpublished)

Todd, E. C. D. & Harwig, J. (1996) Microbial risk assessment of food in Canada. *J. Food Protect.* (Suppl.) S10-S18.

Turner, P. C., Nikiema, P. & Wild, C. P. (1999) Fumonisin contamination of food: progress in development of biomarkers to better assess human health risks. *Mutat. Res. Genet. Toxicol. Environ. Mutagen.* **443**, 81-93.

Van Gerwen, S. J. C. & Zwietering, M. H. (1998) Growth and inactivation models to be used in quantitative Risk Assessments. *J. Food Protect.* **61**, 1541-1549.

Van Schothorst, M. (1996) Sampling plans for *Listeria monocytogenes*. *Food Control* **7**, 203-208.

Van Schothorst, M. (1997) Practical approaches to risk assessment. *J. Food Protect.* **60**, 1439-1443.

Vose, D. (1996) *Quantitative Risk Analysis: A Guide to Monte Carlo Simulation Modelling*. John Wiley, New York.

Vose, D. (1997) The application of quantitative risk analysis to microbial food safety. *J. Food Protect.* **60**, 1416.

Vose, D. J. (1998) The application of quantitative risk assessment to microbial food safety. *J. Food Protect.* **61**, 640-648.

Voysey, P. A. (1999) Aspects of microbiological risk assessment. *New Food* **2**, 3-13.

Voysey, P. A. & Brown, M. (2000) Microbiological risk assessment: a new approach to food safety control. *Int. J. Food Microbiol.* **58**, 173-180.

Ward, R. L., Berstein, D. I. & Young, E. C. (1986) Human rotavirus studies in volunteers of infectious dose and serological response to infection. *J. Infect. Dis.* **154**, 871-877.

Webley, D. J., Jackson, K. L. & Mullins, J. D. (1997) Mycotoxins in food: a review of recent analyses. *Food Aust.* **49**, 439.

Wheller, J. G., Sethi, D., Cowden, J. M. *et al.* (1999) Study of infectious intestinal disease in England: rates in the community, presenting to general practice, and reported to national surveillance. *Br. Med. J.* **318**, 1046-1050.

Whiting, R. C. (1995) Microbial modeling in foods. *Crit. Rev. Food Sci. Nut.* **35**, 467-494.

Whiting, R. C. (1997) Microbial database building: what have we learned? *Food Technol.* **51**, 82-86.

Whiting, R. C. & Buchanan, R. L. (1997) Development of a quantitative risk assessment model for *Salmonella* Enteritidis in pasteurized liquid eggs. *Int. J. Food Microbiol.* **36**, 111-125.

WHO (1995) *Report of the WHO Consultation on Selected Emerging Foodborne Diseases*, Berlin, 20-24 March 1995. WHO/CDS/VPH/95.142. World Health Organisation, Geneva.

WHO/FAO (2000a) Preliminary document: WHO/FAO guidelines on hazard characterization for pathogens in food and water. Rijksinstituut voor volksgezondheid en milieu (RIVM), Bilthoven, The Netherlands. See Internet site www.fao.org/ES/ESN/pagerisk/riskpage.htm

WHO/FAO (2000b) The interaction between assessors and managers of microbiological hazards in foods. Kiel, Germany. WHO/SDE/PHE/FOS/007. See Internet site www.fao.org/ES/ESN/pagerisk/riskpage.htm

Wijtzes, T., van't Riet, K., in't Veld, K., Huis, J. H. J. & Zwietering, M. H. (1998) A decision support system for the prediction of microbial food safety and food quality. *Int. J. Food Microbiol.* **42**, 79-90.

Wimptheimar, L., Altman, N. S. & Hotchkiss, J. H. (1990) Growth of *Listeria monocytogenes* Scott A, serotype 4 and competitive spoilage organisms in raw chicken packaged under modified atmospheres and in air. *Int. J. Food Microbiol.* **11**, 205.

De Wit, M. A. S., Koopmans, M. P. G., Kortbeek, L. M., van Leeuwen, N. J., Bartelds, A. I. M. & van Duynhoven, T. H. P. (2001) Gastroenteritis in sentinel general practices, The Netherlands. *Emerg. Infect. Dis.* **7**, 82-91.

Yeh, F. S., Yu, M. C., Mo, C. C., Luo, S., Tong, M. J. & Henderson, B. E. (1989) Hepatitis B virus, aflatoxins, and hepatocellular carcinoma in Southern Guangxi, China. *Cancer Res.* **49**, 2506-2509.

Zink, D. L. (1997) The impact of consumer demands and trends on food processing. *Emerg. Infect. Dis.* **3**, 467-469.

Zwietering, M. H., de Wit, J. C. & Notermans, S. (1996) Application of predictive microbiology to estimate the number of *Bacillus cereus* in pasteurised milk at the point of consumption. *Int. J. Food Microbiol.* **30**, 55-70.

网 站 指 南

Author's homepages	www.theagarplate.com
The Microbiology of Safe Food (Forsythe 2000)	www.blackwell-science.com/Microsafefood
The Microbial Risk Assessment companion site	science.ntu.ac.uk/external/foodmicrobiol.htm
@RISK (Monte Carlo simulation software)	www.palisade.com
Agreement of the Application of Sanitary and Phytosanitary Measures	www.wto.org/english/docs_e/legal_e/15-sps.pdf
Analytica (Monte Carlo simulation software)	www.lumina.com
CAST (Council for Agricultural Science and Technology)	www.cast-science.org
Codex Alimentarius Commission (CAC)	www.codexalimentarius.net/
CAC Principles of microbiological risk analysis	www.who.int/fsf/mbriskassess/pdf/draftpr.pdf
Codex Committee on General Principles, 15th Session, Paris, April 2000	
Risk Analysis	europa.eu.int/comm/food/fs/ifsi/eupositions/ccgp/ccgp_item3a_en.html
Crystal Ball (Monte Carlo simulation software)	www.decisioneering.com/crystal_ball/index.html
Denmark *C. jejuni* in broilers	www.lst.min.dk/publikationer/publikationer/publikationer/campuk/cameng_ref.doc
European Commission	europa.eu.int/comm/dg24/health/sc/scv/out25-en.pdf
(1999a) *L. monocytogenes*	
(1999b) Risk assessment and 93/43/EEC	europa.eu.int/comm/dg24/health/sc/oldcomm7/out07_en.html
Harmonization of risk assessment	europa.eu.int/comm/food/fs/sc/ssc/out82_en.html
FAO	
JECFA	www.fao.org/es/ESN/Jecfa/Jecfa.htm
JEMRA	www.fao.org/WAICENT/FAOINFO/ECONOMIC/ESN/pagerisk/riskpage.htm

FAO/WHO documents	
Risk Analysis, Geneva 1995	www.who.int/fsf/mbriskassess/applicara/index.htm
Risk Management & Food Safety, Rome 1997	www.fao.org/WAICENT/faoinfo/economic/esn/risk/riskcont.htm
Risk Communication, Rome 1998	www.fao.org/waicent/faoinfo/economic/esn/riskcomm/HTTOC.htm
Risk Assessment, Geneva 1999	www.who.int/fsf/mbriskassess/Consultation99/reporam.pdf
Risk Management 2000	www.fao.org/ES/ESN/pagerisk/riskpage.htm
General - Food Control	www.fao.org/waicent/faoinfo/economic/esn/Control.htm
L. monocytogenes (Buchanan & Lindqvist 2000)	www.fao.org/WAICENT/FAOINFO/ECONOMIC/ESN/pagerisk/mra001.pdf
L. monocytogenes RTE (Ross *et al.* 2000)	Withdrawn. See Section 4.4.2
Hazard identification and hazard characterization of *Salmonella* in broilers and eggs (Fazil *et al.* 2000a)	www.fao.org/WAICENT/FAOINFO/ECONOMIC/ESN/pagerisk/mra003.pdf
Exposure assessment of *S.* Enteritidis in eggs (Ebel *et al.* 2000)	www.fao.org/WAICENT/FAOINFO/ECONOMIC/ESN/pagerisk/mra004.pdf
Exposure assessment of *Salmonella* in broilers (Kelly *et al.* 2000)	www.fao.org/WAICENT/FAOINFO/ECONOMIC/ESN/pagerisk/mra005.pdf
Hazard characterization for pathogens in food and water	www.fao.org/ES/ESN/pagerisk/riskpage.htm.
Assesors & managers of microbiological hazards	www.fao.org/ES/ESN/pagerisk/riskpage.htm
FDA Bad Bug Book	vm.cfsan.fda.gov/~mow/intro.html
Fluoroquinolone resistant *Campylobacter*	www.fda.gov/cvm/antimicrobial/ra/risk.html
L. monocytogenes risk assessment survey	www.foodsafety.gov/~dms/lmrisk.html
V. parahaemolyticus in shellfish model	www.cfsan.fda.gov/~dms/vprisk.html
Food Safety Risk Analysis Clearinghouse	www.foodriskclearinghouse.umd.edu
Food Micromodel (predictive microbiology software)	www.lfra.co.uk/lfra/micromod.html
FSIS	
Salmonella in shell eggs risk assessment	www.fsis.usda.gov/ophs/risk/contents.htm
S. Enteritidis risk assessment model	www.fsis.usda.gov/ophs/risk/semodel.htm
E. coli O157 in beef risk assessment	www.fsis.usda.gov/OPHS/ecolrisk/prelim.htm

Global *Salmonella* surveillance (Global Salm-Surv)	www.who.int/emc/diseases/zoo/SALM-SURV/SlideShow
International Life Sciences Institute (ILSI)	www.ilsi.org
ILSI revised framework for microbial risk assessment	www.ilsi.org/file/mrabook.pdf
MicroFit (predictive growth model)	www.ifrn.bbsrc.ac.uk/Microfit
NACMCF	seafood.ucdavis.edu/Guidelines/nacmcf.htm
Online training courses and model explanations	
WHO	www.who.int/fsf/mbriskassess/studycourse/index.html
Global perspective of risk assessment (Hogue)	
C. jejuni in chicken (Fazil *et al.*)	
Risk assessment advice (Schlundt)	
Monte Carlo simulations (Yoe)	
S. Enteritidis in egg and egg products (Wachsmuth)	
Quantitative risk modelling (Lammerding)	
FSIS *E. coli* O157:H7 risk assessment in ground beef (Powell)	www.fsis.usda.gov/ophs/ecolrisk/pubmeet/index.htm
Poultry FARM (Oscar)	www.arserrc.gov/mfs/PF2Instr.htm
FAO/WHO initiative on microbial risk assessment	www.who.int/fsf/mbriskassess/IAFP_meeting_01/index.htm
Overview of FAO/WHO initiative (Schlundt)	
Exposure assessment of *Salmonella* spp. in broilers (Kelly)	
Exposure assessment of *Salmonella* Enteritidis in eggs (Kasuga)	
Hazard and risk characterisation of *Salmonella* (Fazil)	
Exposure assessment of *L. monocytogenes* in ready-to-eat meat and fish (Ross)	
Exposure assessment of *L. monocytogenes* in dairy products (Todd)	
Hazard and risk characterisation of *L. monocytogenes* (Buchanan)	

Pathogen Modeling Program (predictive growth model)	www.arserrc.gov/mfs/pathogen.htm
Risk assessment frameworks	www.gov.on.ca/omafra/english/research/risk/frameworks/index.html
Risk assessment tools	www.foodriskclearinghouse.umd.edu/tools.htm
RiskWorld	www.riskworld.com
Society for Risk Analysis	www.sra.org/index.htm
USA Elimination of *S.* Enteritidis illness due to eggs	www.foodsafety.gov/~fsg/ceggs.html
USDA risk analysis bibliography	www.nal.usda.gov/fnic/foodborne/risk.htm
WHO antimicrobial resistance	www.who.int/emc/diseases/zoo/antimicrobial.html
WHO index	www.who.int/fsf/index.htm
WHO microbiological risk assessment	www.who.int/fsf/mbriskassess/index.htm

索　引

图书在版编目(CIP)数据

食品中微生物风险评估/[英]福赛思(STEPHEN J. FORSYTHE)著,石阶平等译.—北京:中国农业大学出版社,2007.8

书名原文:The Microbiological Risk Assessment of Food

ISBN 978-7-81117-172-3

Ⅰ.食… Ⅱ.①福… ②石… Ⅲ.食品微生物-风险管理 Ⅳ.TS201.3

中国版本图书馆 CIP 数据核字(2007)第 027627 号

书　　名 食品中微生物风险评估

作　　者 [英]STEPHEN J. FORSYTHE 著　石阶平　史贤明　岳田利　译

策划编辑 宋俊果　　**责任编辑** 田树君

封面设计 郑　川　　**责任校对** 王晓凤　陈　莹

出版发行 中国农业大学出版社

社　　址 北京市海淀区圆明园西路 2 号　　**邮政编码** 100094

电　　话 发行部 010-62731190,2620　　读者服务部 010-62732336

编辑部 010-62732617,2618　　出　版　部 010-62733440

网　　址 http://www.cau.edu.cn/caup　　**e-mail** cbsszs@cau.edu.cn

经　　销 新华书店

印　　刷 涿州市星河印刷有限公司

版　　次 2007 年 8 月第 1 版　2007 年 8 月第 1 次印刷

规　　格 787×980　16 开本　11 印张　215 千字

定　　价 35.00 元